顛覆創作模式 ×改寫產業規則 ×重構市場格局 ×助力企業轉型
生成式AI顛覆未來的無限潛能

AIGC 未來式
當人工智慧成為共創者

陳雪濤，張子燁 著

【從 ChatGPT 到產業顛覆，打造新時代的創新競爭力】

生成式AI席捲全球！
不再只是輔助，而是創造力的革新
深度解析技術發展、產業應用與未來趨勢，掌握市場機遇

目錄

自序

前言

第一篇　生成式 AI 與人工智慧革命

第一章　生成式 AI 與人工智慧的演進 …………………011

第二章　ChatGPT：顛覆性的 AI 突破 ………………… 033

第三章　生成式 AI 的技術挑戰與瓶頸 ………………… 059

第二篇　生成式 AI 的產業應用與價值變革

第四章　生成式 AI 崛起的驅動力 ……………………… 083

第五章　生成式 AI 的核心應用 ………………………… 103

第六章　AI 如何助力產業升級與轉型 …………………117

第七章　生成式 AI 在關鍵產業的融合發展 …………… 139

第八章　AI 基礎設施的演進與突破 …………………… 155

第九章　生成式 AI 如何賦能新興產業 ………………… 169

第十章　AI 創業與投資新機遇 ………………………… 185

目錄

第三篇　生成式 AI 的未來展望與挑戰

　　第十一章　生成式 AI 的未來趨勢與影響 ················ 209

　　第十二章　AI 監管、倫理與社會挑戰 ······················ 233

後記

自序

在多年的企業管理和投資生涯中，由於深入接觸各行各業，也引發我產生了各種不同的思考。自ChatGPT大紅以來，我也在思考一些問題：人工智慧到底能夠走多遠？它將為社會帶來哪些方面的改變？從自身經歷和專業的角度出發，我開始從技術、歷史、商業等各個維度深入學習，不僅是ChatGPT，也包括生成式AI技術體系和整個產業。我想，是時候寫下這本書了，將我對生成式AI產業價值的理解和洞察分享給大家。

在網路時代，資訊的快速傳遞和分享拉近了大眾的距離，人與人的交流與溝通變得更加方便，地理和時間也不再是問題。在智慧時代，所有的事物都在不知不覺中發生改變，「所有產業都可以用網路來做」的道理對於人工智慧也是適用的，因此我們應當積極主動地擁抱它、學習它、了解它。

在人工智慧領域，我看到了生成式AI如何將技術真正實際應用於服務大眾，如何形成健康的商業運作方式，如何形成完善的產業鏈並不斷升級進步，我意識到，只有深入理解生成式AI的產業價值，我們才能真正掌握未來的方向。因此，我希望讀者透過此書來分享我對生成式AI及其產業價值的深度理解和思考。

生成式AI不僅是一種生產力工具，更是一場以科技為核心的革命。它正在改變各行各業的運作方式，促使我們重新審視

自序

傳統的產業模式。然而，要真正理解生成式 AI，我們需要深入探索其在產業中創造的價值。正因如此，我寫下這本書，希望它能為大家開啟一扇門，帶領我們一起走向新的時代。

這本書闡述了我對生成式 AI 的思考，其中包含的其實是我基於多年從業經驗對產業的理解。科技是有力量的，它改變著我們周遭的一切，所以需要嚴謹的態度和專業的職業精神。因此本書系統性地探討了生成式 AI 的過去、現在、未來，思考它對傳統產業、現有產業的影響，挖掘它可能產生的新興產業，也希望這些思考能為讀者帶來一些啟發。

科技也是有人文精神的，它必須著眼於人的真正需求、解決人的問題，才能從根本上推動社會的進步。因此，在書中，我列出了很多真實的案例。人工智慧雖然是人「造就」的智慧，但它也是有溫度的，甚至在不少人的想像中會產生自主意識和擁有價值判斷能力，可以說，人工智慧既是我們正在觸及的高科技創新技術，也是我們的星辰大海，還是我們天馬行空的想像和不斷求索的好奇心。我希望這本書既是理性的，也是感性的；既是思考的呈現，也是感受的表達。

我希望本書不僅能幫助你理解生成式 AI，更能啟發你對未來的想像。無論你是科技愛好者，還是投資人，抑或是創業者，我相信你都能在這本書中找到自己的答案。

張子燁

前言

　　人類的歷史就是一場認知革命。從茹毛飲血的時代到如今上天下地、無所不能，從萬事親力親為到工具、機器人逐步降低勞動強度，科技的進步書寫了歷史的篇章。我們多少次被技術的火光照亮前行的路，我們多少次在技術發展和社會管理當中掙扎前行。

　　2022年底，一波熱潮席捲了全球，ChatGPT讓生成式AI的討論度到達了高峰。人們被ChatGPT的強大功能所震撼。事實上，從圖靈時代開始，我們已經在考慮機器是否能替代人類的問題，電腦和通訊技術的發展也為人工智慧的實現做了深遠的鋪陳。但這一次，一切都不一樣了，我們真正意識到身處巨大的變革當中。未來已來，讓我們共同走進人工智慧的世界，探索新的知識與願景。

　　在此背景下，本書應運而生，旨在以一個新的視角——產業價值為讀者提供指引。任何技術的發展和成熟都需要在產業中挖掘價值，生成式AI也不例外，那麼生成式AI的產業價值如何體現呢？除了技術本身，還包括應用情境和商業模式，也就是如何將技術真正應用以服務大眾，如何形成健康的商業運作模式，如何形成完善的產業鏈並不斷地升級改進。我們只有深入了解這些產業價值，才能知曉如何面對新時代。

前言

　　本書共分三篇，第一篇是人工智慧和生成式 AI，我們將了解人類是如何走進人工智慧新時代的。第一章講述了人工智慧和生成式 AI 概況，第二章詳細分析了 ChatGPT，幫助讀者具體了解生成式 AI 實際案例，第三章分析了生成式 AI 目前面臨的挑戰，幫助讀者客觀看待目前的發展態勢。

　　第二篇是全書的主體，以商業視角著重分析了生成式 AI 的產業價值與關鍵領域的應用。第四章深入分析了生成式 AI 產業發展的原因，幫助大家理解為什麼 AI 技術能夠從理論發展到現在。第五章以現在的應用情境為出發點，結合豐富的案例，展現了生成式 AI 的實際作用。第六章從傳統產業的角度出發，結合科技發展思想史的方法論，講述生成式 AI 如何促進傳統產業轉型升級。第七章從現有產業升級的角度，分析生成式 AI 如何提供助力。第八章講述生成式 AI 在發展過程中對基礎產業的帶動作用。第九章講述生成式 AI 如何賦能新興產業。第十章從創業和投資的角度分析生成式 AI 的產業價值。

　　第三篇是對生成式 AI 未來的展望。第十一章從科技、產業和人文的角度，分析生成式 AI 帶來的影響和人工智慧整體的走向。第十二章從現實出發，分析未來生成式 AI 將面臨的社會挑戰。

　　整本書將「產業價值」貫穿其中，結合科技、人文、投資、創業、企業策略管理等多個要素，從過去、現在和未來等時間軸分析生成式 AI 的作用，並以大量案例啟發思考，是一本綜合性較強的讀物。

第一篇

生成式 AI 與人工智慧革命

第一篇　生成式 AI 與人工智慧革命

第一章

生成式 AI 與人工智慧的演進

1492 與人類的星辰大海

當歷史的時鐘撥回到五百多年前的西元 1492 年，哥倫布在經過多年的籌備後，終於開啟了他心心念念的航行。這次航行，既是旅程，又是冒險，更是人類歷史的新篇章，恐怕哥倫布自己一開始也不清楚，地理大發現時代在悄然降臨。

五百多年後的今天，人類再次站在了命運的十字路口，眺望前方。但是不同往昔，今天的我們擁有更加先進的技術：通訊網路讓資訊快速傳遞，我們能夠足不出戶便知天下事；發達的交通讓物理距離不再是難題，我們可以乘坐飛機前往大洋彼岸；資訊的爆炸和公共知識的傳播讓我們不斷擴展人類的能力邊界，終身學習和自我提升成為這個時代的重要議題。

只是，當尖端技術降臨的時候，我們是否做好了準備？2022 年席捲全球的 ChatGPT，帶給人們的不僅僅是一個人工智慧聊天工具，或是用於輔助寫文稿、寫程式碼的辦公小工具，

這一熱潮帶來的是對人工智慧的思考：現在我們是否再次經歷著 1492 年的新篇章？人類歷史長河的厚重故事，將如何繼續？

1492 年開啟的大航海時代，讓我們心裡有了新大陸的概念，之後航海技術的進一步發展，不同國家貿易、文化、經濟交流更加緊密，全球化在改變人類的命運。五百多年來，技術的進步極大地提升了歷史生產力。此後，生產關係的變化，讓全球社會經濟結構發生系統性的改變。在這個過程中，各路英雄在歷史舞臺上「你方唱罷我登場」，多少跌宕起伏、悲歡離合的故事不斷發生。這就是技術帶來的變革。

到了智慧時代，科學技術依然如同汽車的引擎，推動著人類前行。但這一次，恐怕和以往都不一樣。1950 年代，電腦科學之父艾倫·圖靈開始考慮一個問題「機器是否能思考」，而七十年後的今天，普通網友都在討論「人工智慧是否能取代人類」、「人工智慧是否會產生新的社會問題」。這就是技術的力量，當世界發展格局改變的時候，我們每個人都身處其中，被技術的進步推著向前，而我們每個人本身也是歷史的創造者和書寫者。

在人工智慧時代，引領我們前行的不再是哥倫布這樣的領航人或開創者，而是我們自己。我們每天產生的資料成為大型模型訓練的「養分」，讓人工智慧不斷吸收並進化，從而變得更加聰明；深度學習技術不僅讓機器具備學習能力，而且學習和進步的速度也在不斷提升──這是最讓人激動又擔心的地方。我們開始思考人工智慧的應用情境和技術邊界，一方面我們在

探索人工智慧在哪些領域能夠更好地應用,以此創造更多的經濟社會價值,讓日常生活和工業生產變得更加方便;另一方面我們也擔心人工智慧過於聰明,是否會替代一部分現有工作職位,是否會產生思維衝突甚至倫理問題。

就像 1492 年展開的航海時代的探索一樣,這一次,我們向人工智慧帶來的新領域出發。

電腦和網路

電腦發展之路

人類歷史上所有新技術的誕生都不是一蹴可幾的,它是長期生產實踐和總結客觀規律的必然結果。第一次工業革命時期,新技術的產生往往靠工匠和手藝人在長期勞動中的實踐,而到了第二次工業革命時期,技術的進步就開始與科學結合起來了。自然科學,作為人類思維的結晶,是歷史長河中對客觀事物規律的觀察、總結、研究,並且進行抽象化的概括和描述,形成了系統化的集合。這種研究、概括、總結形成體系的能力,是人類作為智慧生物的獨特優勢。

電腦的出現,就是人們基於自身對計算的需求,在數學、邏輯等方面長期探索的結果。1822 年 6 月 14 日,英國數學家查爾斯·巴貝奇釋出了名為《論機械在天文及數學用表計算中的

應用》的論文，提出了「差分機」的概念。查爾斯·巴貝奇的差分機也並沒有成功，但用機械來進行數學計算的思想卻對後世產生了深遠影響。1843年瑞典發明家佩爾·喬治·舒茨（Per Georg Scheutz）在此基礎上，成功製作了一臺支持5位數、3次差分的差分機，之後又製成了兩臺支持15位數、4次差分的機器。之後，多國科學家都成功製作出了差分機。

1936年圖靈釋出了著名的論文《論可計算數及其在判定問題上的應用》，提出了著名的「圖靈機」設想。圖靈機的思想為後世電腦語言和邏輯奠定了基礎，因為它模擬人類手寫輸入的計算過程，釐清了哪些問題能夠透過電腦來解決。透過一臺圖靈機，將另一臺圖靈機的編碼輸入的過程，類似於如今的電腦程式語言，因此圖靈機是現代電腦的理論原型。

1946年馮·諾依曼釋出了《關於電腦邏輯設計的報告》，提出了「馮·諾依曼架構」。他的理論首先提出了二進位制的思想，大大提升了電腦的運算速度；其次囊括了電腦的五大組成部分，即運算器、控制器、儲存器、輸入設備和輸出設備，為電腦的製造奠定了明確的框架。另外馮·諾依曼架構提出電腦的運作邏輯：儲存器的作用類似於一個倉庫，電腦的程式、資料和指令序列存放在裡面，當電腦工作時，便從中迅速提取、分析和使用。

馮·諾依曼架構為電腦科學的發展帶來深遠的影響。首先在電腦設計和開發方面，馮·諾依曼架構提供一種通用的正規

化;其次為程式語言和編譯器的發展提供了思路,將程式和資料儲存在同一個記憶體中,讓程式也可以得以處理。後來在馮‧諾依曼架構的基礎上,其他電腦架構也慢慢出現,比如向量電腦、平行電腦和分散式電腦等。從學科和理論發展的角度看,馮‧諾依曼架構也推動了電腦科學和演算法的發展。馮‧諾依曼的貢獻,不僅在於提供了一種新的方法論,更在於對電腦的整體邏輯進行了系統性的思考,讓電腦技術之「術」,變成了一種思考方式。

從整體上來看,現代電腦的發展歷程可以簡單劃分為五個階段:第一階段是 1940 年之前的機械電腦時代,以上文我們提到的巴貝奇的差分機為代表,這是一種簡短的、原始的數字計算;第二階段是 1940－1960 年代的電子電腦時代,這一時期出現了以電子管和電晶體為基礎的電子電腦,其計算能力得到了一定程度的提升;第三階段是 1970－1990 年代,積體電路技術帶來了新的電腦形式,個人 PC 誕生並且有了一定的商業化態勢;1990 年代後,網路經過了一定探索期,進入了商業化時代,此時電腦進入了第四階段,即網路電腦時代,以網路通訊功能為核心,電腦的應用快速擴展,並加速了電腦整體的商業化;到 21 世紀後,由於通訊技術的進一步提升和網路的普及,帶來了更多元化的需求,電腦不再只是電腦,更多的行動裝置開始出現,由此電腦進入了移動時代。

現代電腦的發展歷程,代表著人類從工業時代向數位時代

邁進，這一過程是顛覆性的，同以往的工業革命完全不同，如果我們從更加高的維度去思考，就能夠深刻地理解這一點。縱觀科學技術發展史，人類一開始使用火種、工具，學會耕種和養殖，是為了適應自然環境。隨著生產力的提升，人類的組織形態發生了改變，村落、城鎮慢慢出現，新的問題和需求出現，於是更多的適應當時社會經濟條件的技術產生。因此，技術實際上是新需求推動的新發展。在電腦發明之前的技術，往往出自於生存型的需求，其應用情境也具備看得見、摸得著的實物，而電腦的誕生代表的是人們更加抽象的需求：讓機器參與人的思考過程，處理更加高維度的需求。

實際上，早在 1950 年，圖靈就開始思考「機器能否思考」的問題，並且對「機器」和「思考」分別進行了定義。人工智慧也在電腦誕生的早期就已經萌芽，只是受技術水準的限制，當時還無法進行更加深入的研究，因為在人工智慧正式進入發展快車道之前，人們對電腦的使用需求是要解決一個更加明確的問題──通訊，也就是將一個個單獨的電腦連成網路，讓它們彼此之間能夠溝通、交流，讓資訊能夠在彼此之間順利的傳遞。這就是網路誕生的基因。

網路：電腦發展新生命

1969 年 10 月 29 日阿帕網（arpaNET）的誕生，象徵著人類對電腦的了解和使用到了另一個新階段──網路時代。阿帕

網可以看成是網路的原型。1960 年代，在對電腦科學已經有一定研究的基礎上，科學家們提出了分組交換網路的概念，即將資料抽成不同的封包，並透過網路節點進行傳輸，這成為阿帕網研發的核心思路。1969 年，阿帕網的四個節點分別在加利福尼亞大學洛杉磯分校（UCLA）、加利福尼亞大學聖芭芭拉分校（UCSB）、史丹佛研究所（SRI）和猶他大學（University of Utah）成立，象徵著全球首個分散式電腦網路誕生。兩年後，電腦工程師雷・湯姆林森以阿帕網為基礎開發測試程式時，想到在不同電腦之間發送訊息，於是建立了以 @ 符號為格式的地址，並成功將「QWERTYUIOP」發送了出去。世界上第一封電子郵件就此誕生，世界的連結從此更加緊密。

到了 1980 年代，人們對電腦網路資料傳輸的了解更加深入，電腦網路傳輸協議的概念從而誕生。簡單來說，在最早的電腦時代，每個公司生產的機器都不同，彼此之間資訊不能互通，而當網路傳輸協議誕生後，不同電腦之間的交流規則和邏輯得到定義，只要支持同一種交流規則的電腦，就能夠實現溝通。比如 TCP/IP 協議，全稱為 Transmission Control Protocol/Internet Protocol，傳輸控制協議／互聯協議。該協議分為四層：網路訪問層、網際互聯層（主機到主機）、傳輸層和應用層，每一層與下一層互相配合，以完成傳輸任務。TCP 為資料的傳輸過程提供檢測和保障，一旦發現問題就重新傳輸，而 IP 是電腦聯網時分配的地址，就好像郵差要將信件送達，需要一個準確無誤的地址。

電腦網路傳輸協議的誕生，在電腦和網路發展史上留下了濃墨重彩的一筆，因為它不僅實現了不同電腦之間的溝通，同時能夠保證資料在傳輸過程中不會丟失。電腦網路傳輸協議不僅僅包括 TCP/IP 協議，還有 HTTP 協議、SMTP 協議、FTP 協議、DNS 協議等。透過這些協議，網路實現了更多功能的應用，例如 Web 瀏覽器、電子郵件、檔案傳輸、遠端登入、即時通訊、資料庫管理等。

1980 年代，網路雖然已經誕生，但是並沒有完全商業化，也沒有足夠的應用情境。而到了 1990 年代，網路進入百花齊放時期。1989 年 3 月，科學家蒂姆・伯納斯・李（Tim Berners-Lee）開發出了世界上第一臺 Web 伺服器和第一臺 Web 客戶機，後來命名為全球資訊網，也就是我們熟知的 WWW，並於 1991 年正式推出。網路開始逐步走入商業世界和大眾視野。

這一時期，網路開始商業化，社會大眾的需求被激發，更多網路服務和業態產生，形成了互相促進的良性循環。1990 年代誕生了許多全球性的網路公司，比如美國的亞馬遜、Google、Yahoo！、Paypal，中國的騰訊、百度、阿里巴巴等。Jerry Yang 和 David Filo 建立的雅虎（Yahoo！）曾經是全球第一入口網站。入口網站在當年是全新的網路形態，人們可以在一個網址上找到各類綜合性資訊和功能，包括搜尋引擎、郵件、新聞、各類分類資訊等。入口網站的出現，展現出了網路世界資訊爆炸的趨勢。

而 1990 年代網路產業中另一代表性事件，則是 1995 年 8 月

9日網景公司成功IPO,其股價由開盤時的28美元,在一分鐘以內上升到了70美元,最終收盤於56美元。當年《華爾街日報》評價說,通用公司以43年時間的發展,使其市值達到了27億美元,而網景只花了1分鐘。1997年,微軟以4億美元收購了Hotmail,當時這家年輕的公司成立不足2年,規模只有26名員工。網路讓以往不可能發生的事情,全部變成了可能。

網路的發展歷程,是人們對電腦探索和應用的進一步升級,也是電腦發展了30年之後一次明確的轉型升級,社會的資訊化趨勢已經勢不可當。21世紀初,網路泡沫事件發生,盲目的投資和不理性的資本湧入造就了高漲的股價,市場上泡沫被越吹越大。2000年3月10日那斯達克指數創下了歷史新高,此後卻開始狂跌,這讓爆炸式發展的網路產業進入了至暗時刻。不過在大浪淘沙後,網路公司、投資者等都對網路進行了新的反思:網路到底為我們帶來了什麼?

事實上,網路在經過商業化的浪潮之後,已經不僅是將電腦連線起來、實現溝通的一種工具和方式了,它開始以一種更加深刻的方式滲入社會的各個角落,以新的方式提升生產力和改造生產關係。尤其是2009年之後,智慧型手機的快速發展將網路時代推向了行動網路階段,在需求端更加便攜的網路設備讓網路變得更加日常化、碎片化,而在供給端,更多元的需求造就了各類網路服務應用和全新業態。這個階段主要呈現出以下幾個特點:

第一,社會整體的資訊溝通效率提升,成本降低。網路時代,即時通訊技術普及、資費降低、速度變快、通訊更加穩定,各個領域的通訊能力全面提升。同時,資訊的傳播模式和資訊的內容也發生了根本性的改變。1990年代的入口網站起著資訊展示和傳遞的作用,搜尋引擎演算法的改良讓人們從被動接收資訊變成主動尋找資訊。社交網路和影片平臺的誕生,讓網友的角色進一步升級為內容的生產者和創造者。

第二,網路開始與傳統產業相結合,並對其進行改造和升級,新的商業模式和業態產生。比如傳統的商貿與網路結合,形成了電子商務,人們只需要在網路上選擇商品和下訂單,物流就會進行配送。商業的本質並沒有改變,依舊是貨幣和商品的價值交換,但網路平臺改造了這個流程,簡化了前端選購的部分,提升了整體效率。同時線下的物流和供應鏈環節,也隨著電子商務的發展需求進行了提升和改造。在這個過程中,網路不僅僅是平臺工具,更是生產力改造方式。

第三,人們對網路依賴程度極大提升,網路已經開始成為社會的基礎設施。在日常生活層面,網路和人們的衣食住行緊緊結合在一起,部分生活服務幾乎都可以透過手機客戶端解決。而在更加基礎的生產端,工業網路在深度改造工業生產和管理流程,透過設備、感測器、生產設施等工業設備之間的互聯互通,實現了更高效的生產。比如智慧製造等,以網路為基礎技術,讓硬體之間相互連結並合作,達成自動化、柔性化和智慧

化的生產，讓生產和銷售的對接更加精準。

第四，圍繞網路應用和服務，新需求推動新的特定產業、新的職業誕生。比如網路安全產業，在網路產業規模擴大之後，網路資料和資訊的安全成了剛性需求，包括網路安全的標準、策略，資訊保護的手段、機制，網路風險的防範化解和預測以及圍繞其產生的法律法規，已經上升到社會治理的一部分。而職業層面，程式設計師、網路工程師等相關職業需求不斷提升，儘管這些職業的誕生可以追溯到電腦和網路早期，但隨著網路的快速發展，對這些技術性人才的需求與日俱增。相對應地，學校和社會對於這些人才的培養體系也發生了變化，這就是網路推動社會變革的具體體現。

在網路時代，資訊的傳播和社會的變化越來越快，而在這個過程中，網路本身也在不斷變化，這就好像汽車剛剛製造出來時，雖然能夠提升出行效率，但昂貴的價格讓汽車的受眾面非常有限。而當汽車工廠實現生產線作業，極大降低汽車製造成本之後，汽車開始走向普羅大眾。它代替了馬車成為一種普通交通工具，同時在後續的發展中衍生了汽車修理維護、二手汽車買賣等產業。這就是技術應用和普世化發展的必經之路。

當網路走入尋常百姓家後，我們開始有了新的思考和期待：網路和電腦能否變得更加先進？能否幫助我們解決更多問題？在此背景之下，人們思考已久問題的答案開始浮出水面──人工智慧。

第一篇　生成式 AI 與人工智慧革命

人工智慧覺醒

思考的過程，能否由機器參與？

人類對人工智慧的探索並不是獨立於對電腦和網路的研究，相反，這三者的發展存在一個並行的過程，三者之間相互促進、相輔相成。

人工智慧的萌芽可以追溯到 1940 年代，心理學家華倫・麥卡洛克和華特・皮茨首次提出人工神經元模型的概念，代表神經元接收和處理資訊的機制，他們的理論奠定了神經網路基礎。

而最為人所知的是圖靈於 1950 年發表的論文《電腦器與智慧》(*Computing Machinary and Intelligence*)，對「機器能否思考」這個問題進行的闡述。文章對查爾斯・巴貝奇的差分機的理念進行了分析比較，認為巴貝奇的電腦理念屬於機械式計算，而機器要代替人類必須要有電子電腦。圖靈由此引入了電子電腦的概念，並將其分為三個部分：儲存部分、執行單位和控制。在這篇論文中，圖靈前瞻性地提出了「機器學習」(machines learning) 的概念，這一理念在 1980 年代得以延伸落實。

1956 年美國科學家約翰・麥卡錫組織了達特茅斯會議，會議提出了「人工智慧」的概念，至此 AI 正式走上歷史舞臺。此後 AI 技術發展進入了一個快車道，完全資訊的對抗、機器定理證明和問題求解、模式辨識、基於自然語言的人機對話等技術

理念相繼誕生。

世界上第一臺具有一定對話能力的聊天機器人誕生於 1966 年，由麻省理工學院約瑟夫‧維森鮑姆製作了一臺名為「ELIZA」的機器人。ELIZA 並不具備真正意義上的理解能力和分析能力，只是透過文字的拆解和重複，實現一定程度的「對話」，這和我們今天所談的人機互動相距甚遠。但對於人工智慧的發展，這是一次重要的嘗試，讓人工智慧以一種最直觀、最具體的方式呈現出來，某種程度上也是圖靈關於機器思考能力問題的延續，如果機器具備思考能力，那麼它將如何體現出來呢？

1960 年代中葉，人工智慧「專家系統」的概念被提出，它的核心方法論是模仿人類專家的知識和推理方式來進行決策。它包括兩個部分——知識庫和推理引擎，知識庫是特定領域知識的合集，而推理引擎相當於它的思考模式。透過這種方式，能夠對輸入的內容進行分析、判斷和解釋。

80 年代，人工智慧的發展進入到了機器學習的階段。美國電腦科學家湯姆‧蜜雪兒在《機器學習》一書中對機器學習進行了定義：如果用變數 P 來評估電腦程式在任務 T 當中的效能，該效能隨著經驗 E 的提升而增加，則稱電腦程式從經驗 E 中學習了任務 T 和評估指標 P，即學習過程 Process ＜ P，T，E ＞。這個時期，人們思考機器學習是什麼以及它要做什麼，這個過程可以劃分為三個要素：模型、策略、演算法。這三個要素對於人工智慧整體都是至關重要的，模型是機器學習產出的函

數,輸入資料即得到結果,策略是學習的方式和最佳選擇的模型,演算法是以歷史資料為依託,尋找未知參數,形成最佳解的模型。

經歷了一段時間的發展後,人工智慧從學術和技術角度逐步有了清晰的脈絡,建立了相對清晰的技術和理論體系,包括深度學習、自然語言處理、電腦視覺、資料探勘等。總體的思路就是讓人工智慧具備一些類人類的能力,比如視覺能力,人工智慧能夠「看見」物理世界中的場景,實現人臉辨識、影像辨識等功能;再如聽覺能力和理解人類自然語言的能力、將輸入的語音轉化為文字的能力等。

1990 年代之後,人工智慧發展的速度加快,同時一些實際應用情境也讓人工智慧進入了大眾視野,使人們更加直觀和深刻地感受到技術的進步。1997 年 IBM 的機器人深藍(Deep Blue)戰勝了西洋棋冠軍加裡・卡斯帕羅夫。在深藍的設計方案中,這是一個由兩個 2 米高的立式機箱、500 多個處理器和 216 個加速晶片組成的機器,能夠預測對方棋手的基本走位和評估可能的結果,其能力可達每秒鐘探索 1 億種可能的棋位。雖然深藍在賽後即退役,但這一事件第一次引發了普羅大眾對人工智慧的認知熱潮。在後來的發展歷程中,人工智慧擊敗人類的戲份再次上演。比如,2016 年谷歌的 AlphaGo 電腦程式在圍棋比賽中擊敗了世界冠軍李世石,2018 年 OpenAI 的電腦程式 OpenAI Five 在 Dota 2 比賽中擊敗了人類頂尖玩家,並且平均天

梯分數超過 4,200 分。

　　2001 年後的人工智慧發展，呈現出全新的特點，這一時期網路的快速發展帶來了資訊和資料量的指數級成長，從而為人工智慧的快速發展提供了前所未有的良好條件。大數據提供的資訊就像植物生長所需的肥料，使其汲取養分後茁壯成長。那麼，大數據在人工智慧的發展過程中扮演了什麼樣的角色呢？

當我們在談論生成式 AI 時，我們在說什麼？

　　從認知層面來看，生成式 AI 是一個更加整體和全面的概念，但從嚴格的學術意義來說，目前並沒有統一的標準定義。目前國內學界的其中一種定義是，生成式 AI 是一種以人工智慧為技術手段的內容生產方式，區別於以往的專業生成內容（Professional Generated Content，PGC）和使用者生成內容（User Generated Content，UGC）。中國信通院等釋出的《人工智慧生成內容（生成式 AI）白皮書》[01]，對生成式 AI 概念進行了三個層面的理解：一是以內容生產者角度來看，其主體是人工智慧；二是以內容生產方式來看，其創作方式由技術手段生成；三是以技術角度來看，生成式 AI 是能夠產生內容的技術的集合。實

---

[01] 中國信息通訊研究院，京東探索研究院。人工智慧生成內容（生成式 AI）白皮書 [EB/OL]。https://dsj.luohe.gov.cn/lhmenhu/85010cd6-6e4f-4247-af97-17793df992b9/77921362-c87c-4a5a-be89-860f97fdb698/P020220913580752910299.pdf.

際上生成式 AI 不是一個單一維度的概念，它具有技術性、過程性和整體性。

總體來說，生成式 AI 是一種技術集合，利用生成對抗網路 GAN 和大型預訓練模型等人工智慧技術，透過分析現有資料的規律，並具備適當的泛化能力，從而生成相關內容的技術集合。

從人工智慧的發展和創新沿革的角度來看，生成式 AI 代表著人工智慧的新角色、新身分，甚至是未來新的發展方向。從傳統的技術發展角度來說，人工智慧原本的角色與其他新鮮的尖端技術一樣，是能夠幫助人類解決問題、提升效率、降低成本的工具，屬於輔助性的技術；但生成式 AI 的產生和應用，讓人工智慧具備了以往各項技術都不具備的新能力 —— 創造力。這和圖靈七十多年前的問題「機器會思考嗎」本質上殊途同歸，因為當人工智慧具備創造能力後，它就不再僅僅是輔助性的技術，它很可能產生更高層次的思考能力甚至思維。因此，很多人開始擔心職業的替代性，甚至未來是否會產生科技倫理問題，我們在後面會進行深入探討。但這些擔憂至少說明生成式 AI 以及它所代表的人工智慧體系，正在朝全新的業態和趨勢邁進。

從目前的應用和實作的角度來看，生成式 AI 在文字、影像和音影片生成、多模態生成、策略生成和遊戲等相關細分領域已經有了一定的落實應用情境，也具備一定的產業價值，主要表現在：

- **降低創作門檻和成本**：生成式 AI 的廣泛使用能夠進一步降低創作門檻和成本，聲音錄製、影像、文字、影片生成等生成式 AI 工具的廣泛使用，能夠讓創作流程更加簡化、成本進一步降低。
- **提升內容生產的多樣化**：目前的內容生成效果，取決於從業人員的專業能力和知識水準。生成式 AI 的使用能夠讓更多非傳媒專業人士成為創作者，能夠將他們更多元化的知識體系引入到內容生產當中，從而產生更加豐富的內容。
- **提升使用者互動體驗**：目前在內容消費方面，使用者對於個性化及可互動的內容需求仍在提升，生成式 AI 的進一步普及能夠生成更多可互動內容，甚至融合產生更多線上線下一體化的內容，可極大地提升使用者體驗、滿足使用者需求。

以 AI 繪圖為例，2022 年一幅名為〈太空歌劇院〉的 AI 繪圖作品在美國科羅拉多博覽會藝術比賽上獲得了「數位藝術／數字修飾照片」領域的一等獎。該作品是由一款名為 Midjourney 的 AI 繪圖軟體生成，作者介紹說自己是透過文字輸入作畫要求，包括題材、場景、光線、色彩等，透過 AI 生成了 900 多幅作品，在其中選取一幅並進一步修改，配合 Photoshop 潤色調整而最終成稿。〈太空歌劇院〉的獲獎引發了熱議，很多人讚嘆於技術的發達，也有不少人認為藝術的價值不能用冰冷的機器來決定。

第一篇　生成式 AI 與人工智慧革命

圖 1.1　AI 繪圖作品〈太空歌劇院〉

圖片來源：https://www.arts-in-the-city.com/2022/09/07/une-ia-secoue-lemonde-de-lart-en-remportant-un-concours/.

實際上，AI 繪圖是一個非常典型的生成式 AI 實際案例。首先，它確實大幅降低了創作門檻。即使是毫無美術基礎，也不會使用 Photoshop 或 AI 等相關軟體的使用者，也能夠進行繪畫創作，只需要用文字輸入創意內容，並選擇合適的風格加以調整，就能夠生成插畫，並且使用者還具備自主選擇的權利。其次，AI 繪圖能夠實現即時生成，在輸入後數秒即可完成繪畫，極大地提升了作畫效率，也降低了產出成本。

從技術的角度來說，AI 繪圖利用人工智慧技術，將人類的

第一章　生成式 AI 與人工智慧的演進

自然語言的要求進行分析、拆解，以影像的形式輸出，實現了人工智慧實際應用。在 AI 繪圖應用剛剛問世的時候，不少人擔心其繪畫能力是否能夠超越人類，但事實證明，在資料的不斷「餵養」下，AI 繪圖已經具備了足夠高的技術水準。從產業的角度來說，如果 AI 繪圖技術能夠達到相關產業要求，那麼它可以在遊戲、動漫、文創等領域進行大規模推廣，幫助企業降低人力成本，提升產出內容的多元化能力。比如在遊戲產業，目前來看，不涉及大規模動作或異常複雜的繪畫已經可以交給 AI 繪圖完成。

當然，僅就 AI 繪圖這一具體應用而言，目前仍然存在一定的爭議和疑問，主要包括：AI 繪圖的資料來源是否包括商用繪畫作品，是否涉及智慧財產權問題？ AI 繪圖的大規模應用是否為另一種形式的抄襲、模仿？它是真正帶來了創意，還是另一種形式的模板？為此，我們將在後面的章節中詳細探討人工智慧帶來的管理問題和科技倫理問題，但是 AI 繪圖的熱議至少展示出人工智慧具體應用的巨大潛力。

毫無疑問，隨著未來技術的進一步改良，生成式 AI 能夠產出更多元化的內容，同時也會有更多新業態和模式出現。而當我們回顧 AIGG 一路走來的歷程時，我們會發現，某種程度上生成式 AI 代表著人工智慧從弱人工智慧向強人工智慧發展的趨勢，也代表未來技術的研發攻堅方向，就像網路從 PC 端朝行動裝置發展一樣，是人們需求的必然選擇。

弱人工智慧（Narrow AI）是以單一任務為核心的人工智慧系統，它能夠接收人類的指令，但只能完成單一任務。換句話說，它是模仿人類某部分的智慧來完成專項工作，而範圍以外的事項它則無法完成。比如，AlphaGo 能夠在圍棋上戰勝人類，但它只會下圍棋，做不了別的事情；一些自動回覆的人工智慧客服，可以根據關鍵字辨識來安排實現設定好的回覆，但無法處理更加複雜的客戶需求；人工智慧翻譯，能夠實現語言之間的轉化，但更多的是基於文字字面意義的分析，而暫時無法實現文化層面的互通，這也是為什麼專業類的文字翻譯基本上已經非常準確了，但人工智慧目前無法完全克服語義和文化層面上的轉化問題。

強人工智慧（General AI）則與人類的生物學智慧更加接近，它具備類似於人類的思考能力，能夠進行更多元狀況下的分析、判斷、推理、思考和決策，並且能夠自主學習。目前，從嚴格意義上來講，並沒有實際的強人工智慧系統產生。2022 年 ChatGPT 之所以能夠引爆全球焦點，除了技術本身的吸引力之外，人們也從 ChatGPT 身上看到了強人工智慧的影子。ChatGPT 和整個生成式 AI 體系，實際上並非強人工智慧，但它們代表了一種新的思考：人工智慧從產出內容出發，未來是否能衍生出更強大的思考能力，甚至產生思維？當我們在談論生成式 AI 時，我們談論的是人工智慧的未來，甚至是人類科技體系的未來。

第一章　生成式 AI 與人工智慧的演進

表 1.1　強人工智慧與弱人工智慧的對比

類別	強人工智慧	弱人工智慧
智慧程度	高	低
任務能力	可執行複雜任務	特定領域的特定任務
人類參與度	甚至可產生自主意識	高，需要人類提前規劃
開發難度	高	相對容易

　　從生成式 AI 發展歷程的原始邏輯來看，機器對資訊的認知需要三個階段。第一階段是觀察外部環境和尋找規律的階段。這個階段，AI 只能被動接收資訊，其能力僅限於對已有的統計資料和結果進行分析，因此無法超越現有經驗，更無法創造新的內容。第二階段是干預外界環境的階段，AI 能夠在一定程度上實現資訊的創造，從而超越已有的經驗，原理類似於將使用者生成內容（UGC）的方法應用於內容規則制定，進而用於人工智慧的內容生成。第三階段的人工智慧將具備反事實分析來尋找規律的能力，真正實現內容的自有創作。

　　從生成式 AI 發展歷程的時間節點來看，紅杉資本的報告〈Generative AI：A Creative New World〉對生成式 AI 的技術進行了階段性的解析。第一階段是 2015 年之前，以小型模型作為絕對的技術核心，這些小型模型在分析性任務方面表現出色，也被用於工作量預測或者詐欺分類等應用情境，但是其智慧化程度遠遠沒有達到幫助人們寫程式碼的程度。第二階段是 2015 － 2021 年，Google Research 團隊釋出了一篇極具歷史意義的論文

〈Attention is All You Need〉，提出了 Transformer 的架構邏輯。作為以自然語言理解為核心的神經網路架構，Transformer 可以生成更高品質的語言模型，同時訓練時間明顯減少。隨著訓練量的增大，其水準也逐步提升。第三階段是 2022 年之後，紅杉資本認為此後的訓練成本將進一步降低，而人工智慧的研究團隊也將著眼於更大型模型的開發。第四階段是在技術逐步成熟後，隨著平臺層基礎的夯實，模型的成本降低、訓練效率提升，以此為基礎的應用將爆發式湧現。

儘管對於生成式 AI 的未來，目前的研究和預測都不能看成標準答案，我們仍然需要在不斷實踐中看待技術更新的實際情況。但是我們可以從現有的實際應用出發，客觀分析和觀察人工智慧的整體發展方向，其中最典型的例子，就是現在人人都在談論的 ChatGPT，我們在第二章中將詳細探討。

第二章
ChatGPT：顛覆性的 AI 突破

ChatGPT 概況

自 2022 年底開始，ChatGPT 熱潮席捲全球，從程式設計師、工程師到行政職、插畫師，大眾對 ChatGPT 充滿了興趣和好奇，但也引發了有些人的擔心，甚至伊隆·馬斯克（Elon Musk）提出要暫停 ChatGPT 的訓練。要知道，伊隆·馬斯克可是 ChatGPT 的創造者 OpenAI 的創始人之一。由此可見，ChatGPT 帶來的不僅是技術變革和網路熱度，更是社會大眾對人工智慧議題的興趣、對未來人類科技發展邊界的思考。

2023 年 2 月，美國知名科幻雜誌社 *Clarkesworld* 宣布停止收稿，原因是他們收到了大量由 ChatGPT 創作的小說作品。據該雜誌社透露，雖然以往也會遇到抄襲等情況，但今年這樣的情況格外明顯，僅僅 2 月分他們就已經封鎖了 500 餘人。另外，有部分國家和地區的大學已經明確規定不允許學生使用 ChatGPT 寫作業、論文或寫程式碼，因為此類人工智慧工具可能會產生學術道德方面的問題。

第一篇　生成式 AI 與人工智慧革命

關於人工智慧倫理問題的擔憂並非空穴來風，2022 年底《自然》(*Nature*) 期刊就發表過一篇名為〈護理教育中的開放人工智慧平臺：學術進步或濫用的工具？〉的文章，提出了對人工智慧工具在教育中濫用的擔憂。關於人工智慧帶來的倫理和社會治理問題，我們將在後面的章節詳細討論，但是這些爭議和討論至少說明了一點：以 ChatGPT 為代表的人工智慧內容生成工具已經離普羅大眾很近了，它們已經開始在社會中扮演重要的角色並發揮其影響力。

ChatGPT 究竟是何方神聖？

ChatGPT 簡單來說就是一個聊天機器人，是以 GPT 模型為基礎開發出來的。ChatGPT 剛紅遍全球時，使用的模型是 GPT-3.5，而隨著訓練水準的提升，現在使用的模型是 GPT-4。當然，說 ChatGPT 是個「聊天機器人」不夠準確，因為它以輸入文字為主要操作方式，所以姑且稱之為機器人，但實際上當 ChatGPT 與其他功能或平臺相結合後，它將發揮更多作用。而目前 GPT-4 已經具備理解圖片的能力了。

開啟 ChatGPT 頁面，使用者會看見一個輸入文字的對話方塊，然後在對話方塊中輸入指令，點選輸入，即可等待 ChatGPT 給予的回饋結果。使用者輸入的指令可以是想了解的話題，比如詢問 ChatGPT 哪裡適合去旅遊；也可以是程式性的動作，比如給出限定條件，要求它寫一段程式碼，並且讓它幫忙檢查

已有程式碼的問題；還可以是事務性的安排，比如給定出行的日期，請它幫忙參考行程或會議安排。

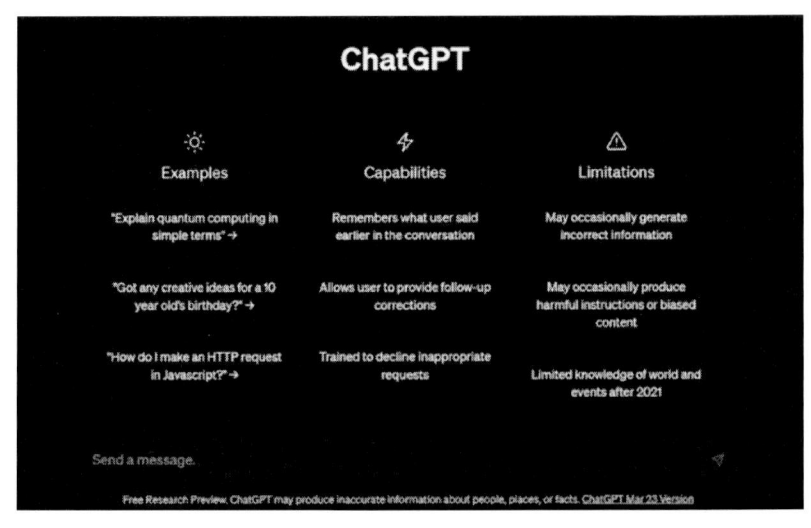

圖 2.1　ChatGPT 登入功能主頁面

具體來說，ChatGPT 可以幫助人們解決的部分日常事務和工作任務包括：

- 文字編輯：給予定限制條件或關鍵字、關鍵句提示，可以生成文字，並按照使用者需求進行修改，比如郵件、備忘錄、演講稿等。在回饋結果的基礎上，使用者可以再次輸入修改要求，ChatGPT 會繼續執行相關指令。
- 語言翻譯：輸入外語段落，可翻譯成另一種語言。其支持的語言數量取決於模型的訓練和開發，也就是說只要是已有相關語言的模型，它都能進行翻譯。

- 資訊搜尋：使用者輸入關鍵字和內容，由 ChatGPT 給出資料。比起傳統的搜尋引擎，ChatGPT 的搜尋功能更加集中和有效率，它不需要使用者在大量搜尋結果中自行篩選和點選，而是直接呈現結果，如果對於結果仍有需求，使用者可以繼續提出指令，ChatGPT 可以進行進一步的精確搜尋。比如可以幫助搜尋新聞、學術或專業類型的知識等。
- 技術問題處理：能夠根據客戶指令輸出程式碼結果，或檢查程式碼是否有誤；也可以回答技術類問題，並給出建議和一些例子。
- 對話交流：能夠根據使用者輸入的內容進行回覆，類似於人類之間的常規對話。不同於以關鍵字觸發或預設回覆模板為基礎的聊天應用，ChatGPT 擁有更加靈活的回覆機制，同時能夠進行多輪對話，並根據與使用者對話的內容進行回饋內容的調整和改進。
- 其他細節問題處理：包括計算、單位換算、語法檢查、拼寫糾正等。

在很多人心裡，ChatGPT 是一個更加高級的搜尋引擎，這是個極大的誤會。首先，從字面意義上來說，ChatGPT 的「Chat」的意思是聊天，在電腦科學領域，它代表著聊天機器人、對話系統或對話式人工智慧的應用，這和搜尋引擎的定位有本質區別。其次，ChatGPT 的實際功能比傳統的搜尋引擎更加廣泛，它能從更多的層面來解決人們的實際問題。這背後蘊含著與搜

尋引擎截然不同的運作原理。

傳統的搜尋引擎,是透過網路爬蟲技術,對網路資訊進行擷取,然後將抓取到的網頁進行分析和索引,形成一個以關鍵字為基礎的索引資料庫。當使用者輸入關鍵字的時候,搜尋引擎會在索引資料庫裡進行搜尋和配對,並生成一個結果列表。在結果的呈現階段,搜尋引擎會根據一定的條件,比如說關鍵字密度和相關性等,透過演算法對結果進行排序,最終呈現給使用者。使用者可以選擇點擊具體的連結進入頁面。

ChatGPT 與搜尋引擎的運作原理不一樣,它並不是對網路上現有資訊進行搜尋和處理。ChatGPT 是以大數據為基礎,以模型為思考方式,以演算法作為思考過程,在不斷的訓練中「學會」知識,並形成輸出能力。這個過程就好像訓練一隻小狗,首先給定指令,如果牠能正確地完成指令,訓犬師就給予食物獎勵,小狗就明白這是正確的。如果牠沒能完成動作,訓犬師就予以糾正,直到它能正確完成動作。在長期訓練實踐中,小狗會明白做什麼動作能夠得到食物獎勵,但牠本身並不能理解動作的含義。就好像一些小狗會在主人做出「開槍」動作後,倒地裝死,但它不會理解「開槍」代表什麼,倒地不動彈代表什麼,更不能理解人類假裝做這件事有什麼意義。

如果說訓練動物是透過食物獎勵來進行,那麼訓練機器,則是透過模型。ChatGPT 之所以看起來比已經出現的對話 AI 更加聰明,也能夠幫助人們解決一些實際任務,原因正在於此。

在 ChatGPT 的熱潮之下，每個人都在談論模型、資料和機器學習，但我們是否真的理解其中的含義呢？

從模型到機器學習，我們如何訓練人工智慧？

模型是一種認知方式和資訊傳遞的方式，是將物理世界中的具體事物轉化為一種抽象的方式呈現。我們可以用簡單的數學函數來理解，$y=f(x)$，當輸入每一個具體的 x 值的時候，就會有對應的 y 值，$f(x)$ 代表二者對應的方式，可以是簡單的線性函數，也可以是更加複雜的函數。而在模型的基礎之上，進行資料輸入、處理和獲得結果的特定的步驟，我們稱之為演算法。換句話說，演算法是實現模型的基礎，而模型是演算法結果的呈現。在人工智慧知識架構中，幫助機器獲得分析能力的一系列特定演算法和統計學方法的合集，我們稱之為機器學習。

因此，我們可以這樣理解三者的關係：模型是一種表達和計算方式，演算法是以模型為基礎的步驟，用以解決問題和完成任務。機器學習是多種演算法的集合，它以統計學作為邏輯基礎，幫助機器從資料中「學到」內容，並進行預測和決策的動作。在這個過程中，機器學習是實現機器智慧化的機制，演算法是其手段，而模型是基礎之基礎。

模型就好比人的大腦，是用於思考的器官，是資訊的傳遞、處理和輸出的通道。每個人做動作、進行思考、跟別人說話都需要大腦進行指揮，但每個人具體的思考方式和表達是不同

的。這就是輸入相同或類似的資訊，不同模型會輸出不同的結果的原因。而機器學習的過程，就是不斷訓練的過程，讓大腦不斷地接收新資訊，從而變得更加聰明。

首先是輸入大量的資訊文本，讓模型這個大腦不斷地處理並輸出結果，然後人們對結果進行檢視、考核並對模型進行調整和改良，接下來再次輸入資訊讓模型再進行處理。長此以往，循環往復，人工智慧的思考能力就會得以提升。舉個具體例子，當我們希望人工智慧「學會」〈滕王閣序〉的時候，我們需要輸入「豫章故郡，洪都新府」以及後續的全文，然後不斷輸入和調整模型，讓機器首先能夠記住全文。模型本身會根據自回歸生成的原理，透過上文的輸入，預測和判斷下文是什麼。比如我們輸入「落霞與孤鶩齊飛，秋水共長天一色」這句的時候，透過不斷訓練，模型透過機率的計算判斷出「落霞」之後是「與孤鶩齊飛」而不是其他文字。透過這種方式，人工智慧會「記住」這首詩。

但這還遠遠不夠。就好比我們在教給孩子知識的過程中，需要在不同的階段採用不同的方法。還不認識字的孩子，我們會用繪本讓他們直觀感受不同的物品和形象，而更大的孩子，他們具備了自主學習能力，就可以在學校跟著老師學習新知識。人工智慧的訓練需要經過不同的階段：

第一階段是預訓練階段。這個階段就像不識字的孩子透過看圖片、繪本，建立視覺能力一樣，首先對人工智慧輸入大

量的數據和資料，讓模型從中進行觀察和學習，了解語言的規律、結構和表達。在這個過程中，我們可以採用無監督學習的方法，即不需要使用標註的數據作為監督訊號，而是為人工智慧累積足夠的素材，為後續模型的調整奠定基礎。

第二階段是模板規範階段。在人工智慧已經有足夠預訓練的基礎上，使用預先設定好的模板或正規化來教會它如何輸出，這個部分能夠幫助人工智慧輸入固定格式的文字，比如郵件、報告等。在這個過程中，我們需要讓人工智慧的回答符合一定的人類規範，比如說當有人問如何偷取他人物品時，人工智慧的回覆必須是此行為是違法的，不要去偷東西，而不是列出偷竊的方法和步驟。在這個階段，我們可以採用監督學習的方法，給定標註的訓練資料來提升人工智慧的分析判斷能力，可採用的方法包括分類（如影像分類、文字分類）、回歸（如房價預測）、序列標註（如命名實體辨識）等。這個階段就是模型的不斷調整階段。

第三階段是強化學習階段。因為人工智慧發展到一定程度，能力瓶頸會日益突顯，比如只會透過常見關鍵字回覆的人工智慧客服，並不能更精準地解決客戶的問題，還會讓人火冒三丈。這就像上化學課，我們不僅需要從書本上學習理論知識，並記住各類化學方程式，還要進行化學實驗，從中獲得更加直觀的經驗。在訓練人工智慧的過程中，我們對它輸出的結果進行回饋和調整，讓人工智慧與外部環境進行互動，透過結果好壞給

定評估和獎懲,讓系統不斷改善策略,輸出更精準的結果。這就是機器學習的基本邏輯。

人工智慧經過大量和反覆的訓練,模型不斷調整,系統回饋不斷改良,於是從整體上看,人工智慧好像變得更加聰明了,能夠處理更多複雜的情況。比如,我們想知道〈滕王閣序〉中「落霞與孤鶩齊飛」的下一句,我們可以提問「落霞與孤鶩齊飛的下一句是什麼」或「落霞與孤鶩齊飛後面的內容是什麼」等,人工智慧在大量訓練中,對不同的提問方式都能進行判斷,從而輸出準確的結果。

目前的 ChatGPT 已經具備辨識不同提問方式的能力,但是從機器學習的角度來說,我們也要客觀地看到,這個過程涉及很多具體的問題。

- 資料問題。機器學習需要大量的資料,同時資料的品質也很重要。如果向模型輸入大量誤導性資訊,就會造成輸出結果的不準確。
- 模型的邏輯性問題。如果向人工智慧輸入量化的、準確的資訊,模型的處理將會非常順暢,但如果涉及需要邏輯推理和更深層的語義理解時,目前的機器學習技術還需要進一步提升。
- 模型泛化問題。機器學習可能已經取得了比較好的成效,但是一旦接受了全新的、從未接受過的新資料,就面臨無

法處理的問題。換句話說，機器學習目前還是以學習過的知識為重心，對全新知識的解析能力尚不足。

- 執行層面的其他問題。比如機器學習的成本、效率和商業的平衡性問題，計算資源的充足性和穩定性問題。

ChatGPT 帶來的大型模型革命

影響機器學習效率和實際效果的關鍵因素是模型的大小，一般來說小型模型帶來的提升是小於大型模型的。我們對大型模型做更精確的定義，大型語言模型（Large Language Model，LLM）是由大量參數的神經網路組成的語言模型，一般使用無監督或半監督學習演算法進行訓練。大小型模型之間的定義和劃分並沒有一個特定的標準，一般可以用計算量、參數量、存取量和記憶體占用等多個指標綜合評估，以參數量為例，小型模型的參數量可以在幾十萬到幾百萬之間，而大型模型的參數量可以達到幾十億之多。ChatGPT 之所以讓人工智慧看起來更加智慧化，並且確實能幫助人們解決不少問題，原因之一就在於它以大型模型訓練為發展思路。相較於小型模型，大型模型表現出以下顯著的特徵：

- 更長的訓練時間和更高的訓練成本。小型模型屬於快速輕量的模式，而大型模型需要處理更多參數，因此訓練時間

更長。當然，模型的訓練時間也受到其他因素的影響，比如運算硬體、訓練演算法、超參數等。

- 反應速度相對小型模型更慢。由於大型模型要占用更高的運算資源，比如記憶體占用量更多，因此輸出的速度要小於短小精悍的小型模型。
- 在實際效用方面，大型模型的效果要好於小型模型，集中體現在結果的精準度、分析和預測的深度和準確性等方面。
- 可部署性方面，大型模型需要更多算力支撐和儲存空間。因此大型模型在實際應用情境中，對基礎設施的配置要求顯著高於小型模型。如果是在物理空間中配置大型模型的應用情境，需要在營運維護方面投入相對多的資源。

總而言之，大型模型能夠讓人工智慧學習效果更好，輸出的結果更加精準，但是也需要更多的訓練時間、成本、基礎算力和相關配套。

截止到 2022 年，已經實施的大型模型包括 Google 的 BERT、GLaM、LaMDA，DeepMind 的 Chinchilla，亞馬遜的 AlexaTM，Meta 的 LLaMA，OpenAI 的四代 GPT 等。這些模型均由網路大型企業牽頭研發，主要原因是大型模型訓練成本很高，據 2020 年的一項研究猜想，訓練一個 15 億參數模型的成本為 160 萬美元。因此擺在各大公司面前的還有一個現實問題，就是未來如何在提升訓練品質的同時降低訓練成本。而從整體的商業角度來說，如果人工智慧大型模型訓練都只能由網路大型企業完

成,其他中小型公司或新創企業毫無機會,那麼是不利於整體市場環境的健康發展和更多應用情境的創新的。當然,這是另外一個層面的問題。

表 2.1　國外主流大型模型資訊

模型名	發布時間	開發者	模型參數	樣本大小	開源許可	備註
GPT-1	2018/6	OpenAI	1.17 億	~10 億 tokens	MIT	
BERT	2018/10	Google	3.4 億	34 億詞彙	Apache 2.0	
GPT-2	2019	OpenAI	15 億	100 億 tokens	MIT	
Fairseq	2020	Meta	130 億			
GPT-3	2020	OpenAI	1,750 億	4,990 億 tokens	API	
Megatron-Turing NLG	2021/10	Microsoft and Nvidia	5,300 億	3,386 億 tokens		
GLaM	2021/12	Google	1.2 兆	1.2 兆 tokens		
LaMDA	2022/1	Google	1,370 億	1.56T 詞彙		
Chinchilla	2022/3	DeepMind	700 億	1.3 兆 tokens		
AlexaTM	2022/11	Amazon	200 億	1.3 兆 tokens	API	
LLaMa	2023/2	Meta	650 億	1.4 兆 tokens		
GPT-4	2023/3	OpenAI	public web AP			

模型名	發布時間	開發者	模型參數	樣本大小	開源許可	備注
文心大模型	2023/3	Baidu				

資料來源：https://en.wikipedia.org/wiki/Large_language_model.

ChatGPT帶來的大型模型革命是毋庸置疑的。總體來說，大型模型的發展呈現出以下特質：首先，隨著算力的提升、電腦硬體效能的提升以及資料量的不斷提升，未來大型模型將變得更大，更大的模型會帶來更加精準的演算法結果，機器將變得更加智慧；其次，大型模型對資料品質的要求也在不斷提升，資料品質集中展現在資料集的多樣性、資料標籤的準確性、資料的時效性和來源的多樣化，同時資料中異常值、遺漏值或雜訊等也會影響品質。可見，未來大型模型的發展需要更加高品質的資料，因此我們前文提及的大數據技術的發展也將變得更加關鍵，它在人工智慧領域中將發揮更加關鍵性的作用。

同時，合成資料的使用也將成為大型模型發展的趨勢之一。合成資料，不同於自然採集的資料，它是由人工生成的資料，比如生成式對抗網路（GAN）、變分自編碼器（VAE）和資料增強等產生的資料。合成資料在數學或統計學上能夠體現資料的原始屬性，因此可以在大型模型訓練中作為原始資料使用。由於合成資料某種程度上本身就是模型訓練的產物，相較於原始資料它的成本更低、效率更高。因此，大型模型在未來的發展中對合成資料的進一步使用也將是一種必然趨勢。

ChatGPT 發展啟示錄

ChatGPT 的爆紅，對人們的衝擊面非常大，正如我們前文提到的，持有正反兩方面觀點的人均不在少數。暫時拋開主觀論調和一些爭議不談，我們將視角聚焦於技術本身帶來的不同層面的影響。

當我們在研究這一點時，不妨回顧歷史上的社會變遷。工業革命時期蒸汽機大規模使用，紡織業機械化生產，導致紡織女工失業，但這只是複雜社會的一個方面。機械化生產推動了工人階級的誕生，也加速了城市化進程，失業的紡織女工背井離鄉前往城市尋找工作機會，本身也是城市化的一部分。以工廠為基礎的商人和資本家也逐漸產生，他們促進了市場經濟的形成，當時工廠的管理方式也為後來的勞資關係變化埋下了種子，並推動後來的社會變革。同時，工廠的建立讓管理科學也逐漸興起，人們從重複性的勞動中獲取的管理知識成為了一門學科，生產技術也與自然科學相互結合。從此，人類整體的認知發生了翻天覆地的變化。

現在的我們又何曾不是面臨同樣的變化？2015 年 OpenAI 在伊隆・馬斯克、阿爾特曼（Sam Altman）、彼得・提爾（Peter Thiel）等人的共同推動下成立，其中阿爾特曼是美國知名創業孵化器及風險投資公司 Y Combinator 的總裁（後來創立了 OpenAI），彼得・提爾是全球最大支付平臺 PayPal 的聯合創始人。

就像史丹佛大學的車庫故事一樣，這些人也在某個風和日麗的日子中書寫了傳奇。OpenAI 起初的定位是一家非營利性的人工智慧研發機構。

2017 年 Google 團隊釋出了知名的論文〈Attention is All You Need〉，對人工智慧的注意力（Attention）機制和編碼器及解碼器（Encoder and Decoder）架構進行了闡述和解析。

2019 年，OpenAI 釋出了 GPT-2 模型，該模型具備 15 億個參數，基於 800 萬個網頁資料進行訓練。同年 OpenAI 公布了 MuseNet，這是一個基於深度神經網路的生成模型，可以用 10 種不同的樂器生成 4 分鐘的音樂作品，開拓了生成模型應用領域的新局面。

2020 年，OpenAI 釋出了視覺化工具 Microscope，用於分析神經網路內部特徵形成過程，同年 GPT-3 模型誕生，它具有 1,750 億個參數，是當時世界最大的大型模型案例。

2021 年，OpenAI 釋出了 CLIP，它可以從自然語言監督中學習視覺概念，可以應用於任何視覺分類基準；釋出了可以用於視覺分類基準的 DALL-E 模型，它以 GPT-3 的 120 億個參數版本為依託，用於從文字描述中生成影像。

2022 年，OpenAI 透過影片預訓練（Video PreTraining，VPT），在大量無標籤影片資料集上訓練了一個神經網路來玩 Minecraft。年底，OpenAI 釋出了 Whisper，這是一款語音辨識預訓練模型，能夠逼近人類水準，支持多種語言。後來的事情大家很清

楚，ChatGPT 成為全球炙手可熱的人工智慧應用。

2023 年 3 月，OpenAI 釋出多模態大型模型 GPT-4，據阿爾特曼稱，該模型是「迄今為止功能最強大、最一致的模型」。GPT-4 的使用，將極大地增強 ChatGPT 的能力，提升資訊輸出的準確度。比如，使用 GPT-4 參加美國的一些標準考試，取得的成績要遠遠好於 GPT-3.5，因此 GPT-4 被寄予了厚望。

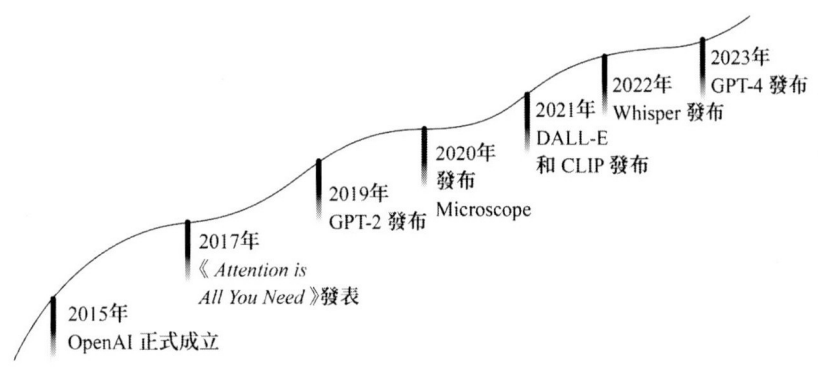

圖 2.2　OpenAI 技術發展歷程

除了技術上的累積和進步，OpenAI 這些年在公司營運和商業化層面也在不斷調整。2019 年馬斯克離開 OpenAI 董事會，原因是他想要獲得公司的控制權被拒絕。OpenAI 開始朝商業化轉型，公司整體的策略從非盈利（non-profit）轉向為有限盈利（Capped for profit）。當時他們面臨資金緊張的情況，而微軟正在發力人工智慧領域，於是向他們投資了 10 億美元，雙方達成了長期合作協議，在微軟的 Azure 雲平臺上搭建人工智慧技術。2020 年，微軟和 OpenAI 進一步加強合作，微軟再次向 OpenAI

投資，買斷了 GPT-3 基礎技術使用許可。

對 OpenAI 技術和商業「兩條腿走路」的發展歷程，我們可以從三個層面進行深度思考。首先，從公司營運和商業化層面來講，ChatGPT 大型模型發展路線對資金和時間的要求極高，OpenAI 在資金壓力下選擇了商業化轉型。而對於更多的人工智慧企業來說，如果要參與大型模型領域，需要謹慎地考慮技術和商業的平衡性問題。其次，ChatGPT 的大規模推廣會對網路產業的商業競爭格局產生影響。作為網路創業者、投資者或企業管理者，應當及時跟進並作好應對準備。

比如，2023 年 ChatGPT 將與 Bing 搜尋引擎相結合，也就是說未來使用者在使用搜尋引擎時，可以接入 ChatGPT 的功能，此舉將極大地提升體驗感和便利性。同時，ChatGPT 與 Microsoft Office 軟體結合，將極大地提升辦公軟體的可用性。微軟的這些舉動被認為是挑戰 Google 的搜尋引擎地位，是提升自身競爭力的護城河。我們並不能說使用了 ChatGPT，微軟就能成功挑戰 Google 搜尋引擎的位置，但我們在研究和分析人工智慧產業價值的時候，有必要將 ChatGPT 這類突破性的生成式 AI 產品作為重要且長期的考量因素。

ChatGPT 目前存在的不足

我們從 OpenAI 的發展歷程和 ChatGPT 技術線的前進軌跡可以明顯地觀察到大型模型不斷訓練帶來的成效，也可以從它

的爆紅中觀察到市場對此類人工智慧應用的需求。但是，我們也應當客觀地看到目前 ChatGPT 仍然存在不足。

從普通使用者的感受來說，ChatGPT 存在著以下問題：

- 部分資訊內容的模組化和單一化：在語句生成方面，當使用者在某一領域大量搜尋類似內容時，會發現 ChatGPT 生成的內容具有明顯的「機器人思維」，即具有明顯的模組化特點和固定的思路。對於創意工作者來說，ChatGPT 提供的內容可以作為思考的補充和提示，但其創意性仍然有待提升。

- 價值觀問題和主觀概念：在使用者輸入相對主觀的問題或價值觀問題時，ChatGPT 的回覆會更加類似模板，因為主觀性的問題涉及面較廣，從人類情感到文化背景、風俗習慣、成長環境和自然人溝通，這些要素目前仍然難以使用模型訓練的方法讓人工智慧完全掌握。因此，ChatGPT 的社會化程度仍然不夠，難以理解人類的價值導向和情感需求。

- 非量化性議題：在量化程度較低的內容生成方面，ChatGPT 的理解分析能力可能仍然有待提升。由於 ChatGPT 是以使用者輸入的數據資訊作為模型訓練的基礎，因此其接收的資訊的量化程度和準確程度，決定了它的分析能力。對於歷史、人文、新聞等量化程度相對低，且容易存在不同觀點的內容，ChatGPT 容易接收到不準確的資訊輸入，因此

容易呈現出「一本正經地胡說八道」的結果，比如未經證實的歷史資訊，或將新聞人物和事件張冠李戴。

從商業模式的角度來說，目前雖然 ChatGPT 已經推出了付費模式，但是公司整體上並沒有達成盈利。從企業健康長遠發展的角度來說，商業模式和盈利性是 OpenAI 乃至其他人工智慧創業公司都需要面對和解決的問題。該問題可以拆解成兩個方面：一是如何開源，如何利用好 ChatGPT 發展出更多可持續性盈利業務，比如針對企業提供體系化的解決方案和客戶服務，幫助企業開發智慧客服等功能；或者推出更多消費級應用，例如更加精準的線上醫療諮詢服務、個人使用者訂製化媒體服務、輔助教育培訓服務等。二是如何節流，如何利用技術的發展降低大型模型訓練的成本和時間，形成更加高效的良性循環，以更加經濟的方式讓 ChatGPT 變得更加聰明，同時產生更廣泛的應用情境。

從社會治理的角度來說，目前 ChatGPT 已經產生了一些影響。因為技術的進步往往比管理制度來得要快，當突破性的技術快速降臨時，我們常常被打得措手不及。就像我們前文提到的不再接受投稿的科幻雜誌社、不允許學生使用 ChatGPT 的學校，他們在新技術的衝擊下，無法很快地尋找到合適的解決方法，這也是每個新技術在邁向產業化的過程中都會面臨的問題。就像在汽車發明之初，沒人會想到不遠的未來，塞車會成為城市交通的關鍵問題之一，沒有人會提前規劃城市道路；在

網路發明之初，沒人會預料到網路資訊爆炸會讓通訊需求不斷提升，網路業態的豐富讓資訊安全和個人隱私保護成為了新的問題。新的犯罪形式透過網路進行，部分人因為網路上的虛假資訊，影響到了現實生活。我們在技術產業化的過程中不斷發現新問題，並透過技術、社會治理、行政等方式解決問題，然後可能會遇到更新的問題。

國內外大型企業的發展現狀

人工智慧的浪潮勢不可當，國內外多家知名網路公司已經開始了他們的旅程。

案例：Google —— 在技術和商業中掙扎

2023 年谷歌推出了與 ChatGPT 競爭的產品 Bard，該產品是在 Google 大型模型 LaMDA（Language Model for Dialogue Applications）的基礎上開發而成的。Bard 具備和 ChatGPT 類似的功能，使用者可以輸入指令和問題，由它給予回饋。但 Bard 的 LaMDA 模型更小，算力要求更低，與 GPT 模型相似，LaMDA 也以 Transformer 架構和無監督學習方法進行預訓練，但 GPT 更擅長處理自然文字對話，而 LaMDA 則更加注重多模態能力和對話場景。

目前 Bard 暫時不支援中文輸入，但它宣稱自己會 100 多種不同的語言。在實際試用的效果中，不少使用者表達了對 Bard 功能的詬病。很多人猜測這是 Google 的策略問題而不是技術問

題，由於擔心內容生成引發的麻煩，Google 暫時限制了 Bard 的語言能力和上下文理解能力。

但 Bard 對於 Google 的意義不僅如此，Google 深為全球領先網路公司，在人工智慧及相關的細分領域已經有了系統性的策略部署。

從收購層面來看，2011 年，Google 收購了語音辨識公司 SayNow、人臉辨識公司 PittPatt、烏克蘭面部及手勢辨識公司 Viewdle，2013 年收購加拿大神經網路公司 DNNresearch Inc，美國自然語義處理公司 Wavii，手勢辨識技術公司 Flutter，機器人公司 SCHAFT Inc、Industrial Perception、Redwood Robotics、Meka Robotics、Holomni、Bot & Dolly 和 Boston Dynamics。2014 年谷歌以 6 億美元收購英國人工智慧公司 DeepMind Technologies，這家公司後來開發出人工智慧圍棋 Alpha Go，並打敗了知名棋手李世石。在收購 DeepMind 後，Google 為其提供大量資金用以研究通用型人工智慧，但由於研發週期長、成本高，直到 2021 年 DeepMind 才轉虧為盈。之後，Google 又收購了人工智慧公司 Jetpac、Dark Blue Labs、Vision Factory。

在產品和服務層面，Google 也打造了以 AI Infrastructure、開發者和資料科學家為主要受眾的產品線，主要包括 Deep Learning Containers、GPU、Tensowflow 企業版、Vision AI 等等。

而 2023 年 Bard 的匆忙推出，被認為是應對 ChatGPT 對 Google 搜尋引擎業務的挑戰。實際上 Google 在人工智慧領域的部署，可以從幾個不同的方向去理解。從商業角度來說，這

一策略是出於對 ChatGPT 挑戰的應對。長期以來 Google 在搜尋引擎市場上一直處於絕對領先的位置。據 Statcounter Global Stats 資料顯示，2022 年全球搜尋引擎市場占有率中，Google 為 92.42％，Bing 為 3.45％，Yahoo 為 1.32％，Yandex 為 0.79％，百度為 0.65％，DuckDuckGo 為 0.63％。而其餘的搜尋引擎，如 Ask、美國線上 AOL、Ecosia 等加起來還不到 1％。但 ChatGPT 的出現有可能挑戰 Google 的地位，尤其是當它與 New Bing、Microsoft Office 等成熟產品結合後，可能會形成新的使用者習慣，為此 Google 必須提前應戰。

在發展策略層面，Google 面臨著業績之外的更深層次的壓力──反壟斷。Google 的壟斷問題一直飽受爭議，並且一些國家和地區已經對其採取了措施。2016 年谷歌利用搜尋引擎的優勢地位來推廣自家產品 AdSense，該產品主要提供廣告服務。此舉被認為是涉嫌壟斷行為，Google 因此被歐盟罰款 14.9 億歐元。2018 年歐盟指控 Google 利用安卓系統進行搜尋引擎的預裝，具有壟斷性質，並提起罰款 40 多億歐元，直到 2022 年底 Google 依舊針對此案在進行上訴。而 2019 年，Google 接受了不同國家的 14 次反壟斷調查。2021 年到 2022 年，義大利、法國、英國、德國、韓國、印度等國多次對 Google 涉及壟斷行為進行罰款或調查，涉及濫用安卓系統中的市場地位、網路廣告的推廣、數位廣告定價的合規性、利用自身地位在廣告中截留使用者資料等。在美國本土，Google 也面臨著壟斷地位調查和罰款的壓力。2023 年 1 月，美國司法部聯合八個州起訴 Google，認

為其壟斷了數位廣告市場，其中還包括 Google 所在地加州，當局希望將 Google 數位廣告業務進行拆分。

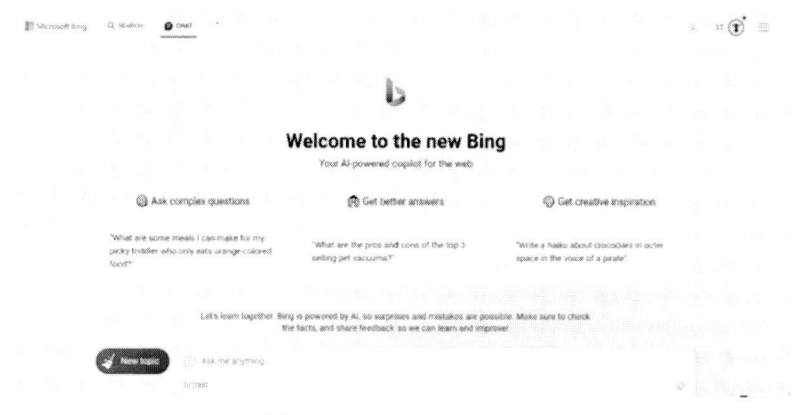

圖 2.3　接入 ChatGPT 的 New Bing 頁面

　　Google 在巨大的管理壓力之下，策略轉型是非常困難的，畢竟「船小好調頭」，而 Google 已經是一艘巨輪，調整業務重心和方向是轉型的必要選擇。Google 押注人工智慧領域，也是出於自身業務邏輯的調整和未來風險防範的考慮。人工智慧內容生成領域由於較高的技術門檻和成本，很容易形成天然護城河，當然未來 Google 能否藉此完成業務甚至整個公司的轉型，還有待時間的考驗。

　　押注人工智慧的大型企業還有微軟。除了投資 OpenAI，微軟還推出了基於 Transformer 架構的大語言生成模型 Turing NLG（簡稱 T-NLG），以及 DeepSpeed，DeepSpeed 是一個開源的深度學習庫，可以用來簡化大型模型的分散式訓練。自 2017 年開

始,微軟就透過「圖靈計畫」來開發大型模型,目標是在建構模型的基礎上,探索如何在產品中進行大規模應用。經過幾年的研發,微軟不僅在內部使用此 T-NLG,同時也向部分合作夥伴出售相關技術。ChatGPT 作為微軟的作品之一,被認為是微軟和 Google 在人工智慧領域競爭的集中體現。

這些網路公司在人工智慧領域的發展思路和策略不同,但也有明顯的共性:首先,技術研發與收購、投資等舉措並行。人工智慧從模型的研發,到機器學習的訓練過程,再到最終產品真正應用,是一個極其「燒錢」的過程,而在目前產業價值尚不明確的情況下,自主技術研發和收購、投資都是必不可少的。自主技術研發能夠幫助企業占領市場和使用者心智,為更多產品的融合和新業態的推出奠定基礎,而收購和投資能夠幫助企業整合更多資源,形成技術和商業上的協同效應,降低人工智慧研發的成本。其次,人工智慧領域的研發與幾年前相比,更加重視產品和應用。這種融合體現在人工智慧與自家已有產品的融合、以新模型為基礎推出面朝 B 端或 C 端的解決方案服務等方面,同時這些大型企業也在不斷探索更多新的產業化機會。

ChatGPT 只是一個新的開始,在這波浪潮之下,新的變化每時每刻都在發生。我們應當持續關注關鍵技術、革命性產品的釋出,知名企業的重大策略資訊等,以尋找人工智慧大規模產業化落實的機遇與潛力。

語言、知識和 ChatGPT

ChatGPT 浪潮不僅帶來了大型模型概念的普及，也對人們的固有認知造成了一定衝擊，因為人和電腦的關係發展到了一個全新的階段。

尤瓦爾・哈拉瑞（Yuval Harari）所著的《人類大歷史》（*Sapiens: A Brief History of Humankind*）中提到「認知革命」的概念，認為認知革命從人類對自然的抗爭中而來。雖然我們現在不再需要直接與大自然抗爭，我們有樓房來遮風避雨，我們有交通工具來翻山越嶺，我們有天氣預報來感知變化，但人類事實上是相當脆弱的生物體：人無法戰勝大型食肉動物，無法像草食性動物一樣快速奔跑，沒有犬類的嗅覺，也沒有鳥類的飛行能力。但人作為高等級的智慧生物，能從自然界中脫穎而出，靠的就是知識。

在新技術發明和廣泛應用之前，人類的知識和認知靠語言來傳播和傳承，知識從人類在自然界生存的實踐中累積而來。固有的知識經過總結、整理，並口耳相傳，從父母輩傳承至子輩。在此過程中，人作為生物體，自然生命會隨時間而終結，但知識卻由於語言的傳承而留傳下來，並隨著技術的進步一代代更新，新知識取代舊知識，就這樣人類從猿人直立行走的時代，走到了今天。

當社會發展到了今天，我們對知識的需求不但沒有停滯，

反而呈指數成長。同時知識的獲取方式也發生了翻天覆地的變化，ChatGPT 帶給人類認知層面的衝擊正是來源於此。過去我們依靠人類不斷學習取得知識的方式，或許未來會被機器取代。ChatGPT 既沒有生物體出生、死亡的概念，也不需要吃喝拉撒和休息睡眠，在能夠一直運作的情況下，其理論上可以一直接收新資訊，不斷完成機器學習並變得越來越聰明。事實上，現在已經有人透過 ChatGPT 參與學生們的大型考試，並取得了優異的成績，這證明 ChatGPT 在智慧的道路上已經越走越遠。這也是為什麼很多人開始思索人工智慧的智慧邊界在哪裡，能否產生更加深度的思考能力，甚至是情感感知能力。

ChatGPT 帶來的另外一層思索核心是語言。過去知識透過語言來傳承和傳播，而今天語言本身的意義和概念正在瓦解。機器翻譯技術的成熟讓自然人類語言的界限正在瓦解，電腦時代的到來，人們用電腦語言建構起與機器溝通的橋梁，而人工智慧時代的到來，自然語言辨識技術興起，人們可以直接用自己的語言與機器對話。人和機器的溝通成本和門檻大幅度降低，每個人都可以用人工智慧來做一些事情。當然，新的溝通需求也在不斷產生。

第三章

生成式 AI 的技術挑戰與瓶頸

　　ChatGPT 的爆紅為人們帶來了一種樂觀的思潮，我們已經處在人工智慧時代了，未來人工智慧將推動人類向前發展，人類不再需要在社會變革中苦苦掙扎前行。雖然事實的確如此，但當我們仰望星空時，也需要踏實地踩著腳下的土地。目前以 ChatGPT 為代表的生成式 AI 產業，在朝氣蓬勃發展的同時，也面臨著不少的挑戰。

　　從全球視角來看，生成式 AI 的發展離不開人工智慧基礎層、應用層和技術層架構的整體發展，因此目前整個產業所面臨的挑戰可以從上述三個層面來探討。其中基礎層當中有兩個關鍵要素：晶片和算力；技術層涉及的問題則是各類具體技術應用水準的不斷提升和訓練成本的問題；而應用層則涉及社會治理和科技倫理的問題。我們在後續章節中會進行詳細的討論。

算力提升：生成式 AI 突破的必要條件

資料是人工智慧的核心驅動力，就好像工業革命以後電力的普及，從工業生產到普通日常生活都離不開電力的支持，資料已經成為新的生產要素。目前資料成長速度顯著加快，根據研究報告，到 2035 年全球資料量將達到 2142ZB（ZB：Zettabyte，1ZB 約 10 兆億位元組），是 2020 年所建立資料量的 45～46 倍。

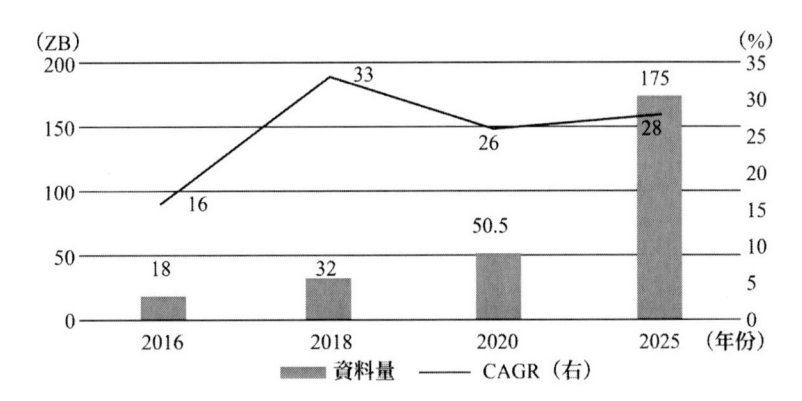

圖 3.1　全球每年產生的資料量

資料來源：中國信通院、財通證券研究所。

資料量的快速上升提升了對算力的需求。而算力已經變成了目前數位經濟時代下的基礎設施，也是產業重構和升級的核心要素。我們可以透過一個類比來理解算力，第二次工業革命使人類進入機械時代，我們開始用電車替代馬車，顯然前者更

加快捷方便和安全,但電車大量使用的前提是電力的大規模普及。沒有電力的大規模應用和普及無法完成這一替代的過程,這是基礎設施發揮作用的基本前提。另外,機械時代下,人們發明了建築物裡的電梯,電梯的發明解決了人們爬樓梯的問題,那麼在建設大樓的時候,就可以蓋得更高。這就是產業升級的概念:突破已有產業的瓶頸和限制,並在升級的過程中衍生出新業態、職業或配套裝務。就好比圍繞電梯自身,後續衍生出電梯生產製造、檢測、維修等產業。

算力在人工智慧時代的作用,就像機械時代的電。從基礎研究、基礎技術,到實際模型的訓練和改良、應用的開發及商業化,算力在其中都發揮著至關重要的作用。有研究顯示,算力指數平均每提升 1 點,數位經濟和 GDP 將分別成長 3.5‰ 和 1.8‰。目前各國都很重視算力的發展。

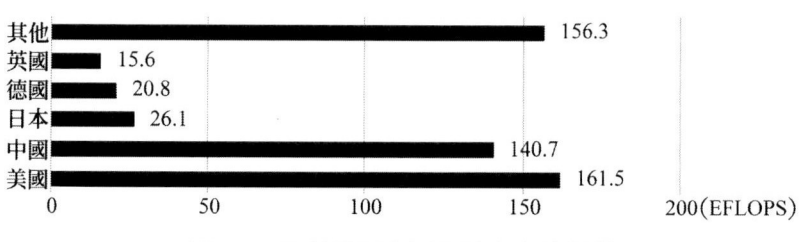

國家	EFLOPS
其他	156.3
英國	15.6
德國	20.8
日本	26.1
中國	140.7
美國	161.5

圖 3.2　目前世界各國在算力上的規模

資料來源:中國信通院、財通證券研究所。

就目前的實際情況而言,算力的進一步突破和發展,核心問題是三個關鍵因素:

一是算力規模，即透過技術手段能夠提供更大量的算力，比如要承載更多的車流量，我們需要修更多的路，那麼修建高速公路還是普通公路、在什麼地方修建、如何規劃，都是需要考量的因素。因此，算力規模的提升不是單純地投入更多的資金和設備，而是需要各方面綜合協調。

根據研究單位測算，2021 年全球運算設備算力總規模達到 615 EFLOPS，增加幅度達到 44％，其中基礎算力規模為 369 EFLOPS，智慧算力規模為 232 EFLOPS，超算算力為 14 EFLOPS。EFLOPS 是算力的計算單位，指的是每秒鐘可以進行一百京／一百億億（10^{18}）次浮點運算的能力。浮點運算用於處理浮點數的計算，浮點數是電腦科學中的一種資料類型，用符號位元、指數和尾數組成，用於儲存和計算實數。浮點運算除了包括基本的加減乘除，還包括三角函數、指數函數等數學計算。總之，浮點運算能力越強，就代表在同一時間內能夠處理的任務越多，處理更大型的任務時速度越快。當更多使用者同時使用時，更大的算力能夠保障通訊的正常運作，就好像更寬的道路能夠容納更多的車流一樣。

基礎算力、智慧算力和超級算力則是算力的不同類別。基礎算力是以 CPU 晶片作為伺服器所提供的算力，主要提供通用型的運算，比如雲端運算、邊緣運算，支持移動運算、網路等常規應用。智慧算力是以 GPU、FPGA、ASIC 等晶片為核心的算力，主要用於人工智慧的訓練和推理及傳統產業的數位化升

級和部分新產業，比如自動駕駛、輔助診斷、智慧製造等。智慧算力對即時性要求相對較低，但是對算力強度要求較高。超級算力是由高效能運算（HPC）機群提供的算力，主要用於尖端技術領域，比如醫藥研發、大型工程的大規模計算等。

　　二是算力效率和資源配置。我們發展算力的最終目的其實就是讓電腦的運算能力得到充分的利用，這裡涉及的關鍵問題是效率。可以從以下層面進行思考：

- **能源效率**：算力的運作和提升都需要物理資源的支持，也就是電力。我們以資料中心為例來說明，資料中心作為算力的物理空間承載者，需要消耗大量的電力來保持長期穩定的運行，因此算力效率的提升需要考慮如何用相對少的電力來支撐這些設備。資料中心可以透過引入更高效能的伺服器和設備、改善電力系統和智慧管理系統來達到降低功耗的效果，同時在設計建設之初就採用更合理的結構和方案。這背後包含了更加基礎的技術邏輯，比如如何改進伺服器、如何為資料中心提供更加節能的電力系統等問題。因此，算力能源效率的提升是一項複雜的科學技術工程，需要長期的投入和改進。

- 資料中心的能源效率還面臨著政策和社會治理的問題。隨著 ESG 理念逐漸深入人心和減碳政策的實施，資料中心作為進行大量碳排放和能源消耗的領域，必須不斷改進，以符合政策和社會發展的要求。換句話說，一方面發展人工

智慧需要更大的算力支撐，因此需要資料中心這類的基礎設施，另一方面生態環保導向的政策又產生了一定約束和引導作用。如何平衡二者之間的關係，真正達到能源效率提升，在降低能耗的同時產生更大的算力規模，是我們目前應當面對和解決的問題。

- **成本效率**：提升算力規模的成本效率，是從經濟層面考慮，用盡可能少的資金投入實現算力規模的提升，但這件事本身也是複雜的。算力與傳統的基礎設施建設有很大的不同，比如傳統的修路雖然也是長週期、重資金投入的大工程，但工作方式已經非常成熟，除非是特殊的公路，一般不需要過多的升級。但算力基礎設施的效率提升方式更加複雜。首先，算力硬體設施從購買到投入使用，固定成本高、維護費用昂貴，同時還面臨不斷升級更新的需求，需要長期的投入和維護。其次，軟體層面也在不斷更新改良，高效率的程式碼能提升算力的利用率和穩定性，這也是需要不斷投入的；同時，提升算力所需要的人力資源成本更加昂貴。算力產業對人員專業技能和水準要求更高，往往需要具備電腦科學、資料科學、工程學、數學等多個學科知識的人才，同時了解資訊科技、網路技術，因此在尋找、配對、培訓和長期培育方面，都需要投入更多資源，以滿足不斷變化的發展需求。因此提升算力的成本效率，需要考慮規劃設計、營運管理、基礎技術等各個方面的問題，是一項長期性、系統性的工作。

- **算力的資源配置**：當算力基礎設施系統建構完成後，算力資源的分配和使用也是重要的議題，即在算力一定的情況下，如何將算力用到合適的地方，並盡可能達到最佳效果。

三是應用和商業化。算力作為一種基礎設施資源，並不直接面向消費端，但由於其投入的資源和時間巨大，其經濟性和商業性也是必須要考量的因素。我們在日常生活中，打開水龍頭就可以獲得自來水，插上插頭就可以獲得電，這也是因為水電已經透過上游廠商的處理和網路的建設，完全走入普通百姓家。低成本、高效率、便捷性，這是完全規模化和商業化的結果。但算力作為新的基礎資源，與水電的普及完全不同：首先，算力本身不是物理產品，也不直接產生物理產品，它不像水能看得見摸得著，也不像電力轉化成燈光後也能看得見，它輸出為電腦產生的電子化成果。這個過程具有較高的技術門檻，因此它不具有直接的大眾普及性。其次，算力的市場需求基本上都處於產業鏈的上游，必須以產業鏈的下游的應用和商業需求作為支撐。就如同採礦業擴大產能是由於下游產業的需求，比如冶煉化工產業、製造業，採礦本身不是直接面向消費市場的，而是需要透過產業鏈完成一個轉化過程。而算力也是如此，算力需要透過技術手段轉化為應用和服務，才能進一步商業化，這是它區別於傳統生產資料的關鍵。對於人工智慧技術，算力為人工智慧的訓練和推理提供服務，而人工智慧技術只有進一步實際應用，才能形成規模化和商業化。但由於人工

智慧技術和應用本身仍然處於發展期，實際的應用情境和商業模式有待完善，所以它目前還不能幫助上游的算力產業形成良好的商業化。

在人工智慧細分領域中，生成式 AI 是具有較大實現可能的細分市場，也是能夠反過來推動算力發展的應用之一，因此生成式 AI 的發展突破是一個雙向循環——其自身發展離不開上游算力的突破，而其商業化又能反哺算力產業健康發展。在第八章中，我們將對算力產業未來發展情況進行深入分析。

硬體問題的核心：晶片

硬體設施是人工智慧基礎層中的關鍵一環，所有的模型和算力演算法都需要硬體作為支撐，其中最核心的就是晶片。就好比人類用大腦思考和決策，大腦中又有神經元組成的網路，用以傳遞資訊。晶片在人工智慧中的作用就類似於大腦中的神經元，它讓人工智慧真正變得有智慧。因此晶片的品質、數量、精細度和穩定供給，對人工智慧整個產業的發展都至關重要。

從整體產業來說，晶片在各種電子產品和設備中均被廣泛應用，比如智慧型手機、汽車、醫療設備等，因此在全世界都有很大的市場。2020 年後，在疫情的影響下，晶片的產業鏈和

物流受到了極大衝擊,而半導體市場需求又急速成長,在供需不平衡的情況下,造成了全球缺晶片的現象。隨著疫情形勢的變化,晶片市場的供需失衡問題得以緩解,但晶片的供應問題將是人工智慧發展領域長期存在的關鍵問題,這裡涉及一些深層次原因:

首先,晶片供應鏈存在著整體層面的不均衡,少數國家掌握核心技術優勢。美國在人工智慧晶片設計方面具有明顯的優勢,高通、Google、輝達、英特爾、IBM、微軟等龍頭公司均是美國企業;在半導體設備和材料方面,日本具備一定的競爭力;而韓國三星以記憶體晶片見長;臺灣的台積電則擅長晶圓代工生產。

同時,在晶片研發方面,具有先發優勢的國家往往是本身就具有扎實工業基礎和資金能力的先進國家。這些國家不僅提前布局晶片的整體研發,同時還充分利用自身的資金優勢在部分特定晶片領域形成了高度屏障,使得全球晶片產業不均衡進一步擴大,少數國家在該領域占據了大部分話語權。

因此,站在全球的角度來說,如果人工智慧要取得更加長足的發展,晶片產業的結構性問題需要得到解決,這不是單獨某一個國家能夠完成的任務,而是需要多個國家共同協商,以更加市場化的方式化解晶片供需不平衡的問題。

站在晶片的技術角度來說,作為主要用於人工智慧技術體系的晶片,我們可以進一步將其進行分類。

按照技術架構可分為以下幾類：

- GPU（Graphics Processing Unit），通用型晶片，具備大規模並行處理能力、靈活的程式設計框架，整合了高速快取和高頻寬記憶體，可以更快地存取和傳輸資料，適用於大規模的運算，目前已經具備成熟的設計和製造工藝，可以用在通用型人工智慧領域。

- FPGA（Field Programmable Gate Array），半客製化晶片，具備可程式設計邏輯的邏輯架構，可以由使用者設計後進行重新程式設計和配置，具有高度的並行性，能夠同時處理多項任務，同時具有低功耗、低延遲和靈活性等特點，適用於各類人工智慧特定產業。

- ASIC（Application-Specific Integrated Circuit），高度客製化晶片，其硬體架構和電路設計根據實際應用需求而定，具有高效能、低功耗和高可靠性的特點，但成本相對較高，因為其設計、驗證、製造和測試對時間和資金投入要求較高。該晶片適用於特定應用情境。

- 類腦晶片（Neuromorphic Chip），是一種仿生電子裝置，旨在模擬人腦神經元和突觸的運作機制，以實現接近於人腦的功能，目前此類晶片仍處於早期的探索階段，沒有形成量產。

第三章　生成式 AI 的技術挑戰與瓶頸

按照應用情境可分為以下幾類：

- 伺服器端（雲端）晶片：是部署在資料中心的晶片，主要包括CPU、GPU、FPGA等。雲端晶片一般算力大、面積大，能穩定地支持大量運算，能支持不同的應用情境。
- 終端（行動）裝置晶片：終端晶片主要指應用在終端設備上的晶片，主要用於AI推理，例如ASIC。終端晶片對算力要求低、體積小、功耗低，通常專門針對特定應用功能設計，比如智慧音響的晶片用於語音辨識，智慧電子鎖裡的晶片用於人臉辨識。
- 邊緣晶片：是集合了邊緣運算的晶片，透過分散式計算架構，在資料產生處運算，而不必透過雲端或行動裝置。對此有個很具體的比喻，就像章魚有八條腿，但牠不需要用大腦處理所有決策，而是在腿部就近處理。邊緣晶片具有運算能力強、應用情境豐富的優勢，同時還可以根據不同的場景進行程式設計，常用於工業領域。

按照具體職能來劃分，可分為推理晶片和訓練晶片：

- 訓練晶片：用於承載「訓練」模型任務的AI晶片，所謂訓練的過程，就是讓資料透過神經網路模型，大量進行標記，來達到一定的功能。
- 推理晶片：用於承載「推理」任務的AI晶片，在訓練模型的基礎上，使用新的資料讓AI完成邏輯推理的過程。

表 3.1　晶片的分類

分類	內容
按技術架構	GPU FPGA ASIC 類腦晶片
按應用場景	服務端（雲端）晶片 行動端（終端）晶片 邊緣晶片
按實際職能	訓練晶片 推理晶片

在第八章中，我們將繼續對人工晶片產業和實際案例進行深入的探討。

案例：英特爾和 AMD 的晶片大戰

在晶片領域，英特爾公司可以說是家喻戶曉的傳奇，也是科技與商業齊頭並進的指標。1968 年羅伯特・諾伊斯（Robert Noyce）和高登・摩爾（Gordon Moore）創辦了英特爾。此前，這兩人是知名的「八叛徒」的成員，由於公司的管理問題，他們從「電晶體之父」威廉・肖克利（William Shockley）創辦的肖克利實驗室出走，於 1957 年共同成立了快捷半導體公司。

高登・摩爾還是知名的摩爾定律的發明者，該定律於 1965 年提出，內容是電晶體積體電路中可容納的電晶體數目，約每隔 18～24 個月便會增加一倍，也就是說積體電路的效能將呈

第三章　生成式 AI 的技術挑戰與瓶頸

現指數成長，並且成本將逐步降低。

本身有著科學研究基礎，又有肖克利實驗室和快捷半導體等先驅公司的經驗，二人在積體電路技術上累積了深厚的造詣。1968 年，他們從快捷半導體辭職，正式創辦了英特爾公司，次年快捷半導體市場行銷負責人傑瑞・桑德斯（Jerry Sanders）也出走快捷半導體，創辦了超微半導體（Advanced Micro Devices, Inc.，通常稱為 AMD），開啟了兩家公司長達半個多世紀的競爭。

兩家公司在早期的定位完全不同。AMD 基於自身的實力，更注重市場導向，以性價比產品為核心。英特爾公司起步高階、創始人聲名遠播，注重技術創新與研發。1969 年英特爾公司推出了全球第一塊雙極型半導體儲存晶片，1971 年又推出了世界上第一個商用微處理器——Intel 4004，次年又推出了 Intel 8008 處理器，效能是 4004 的兩倍。當時 AMD 在研發方面能力不足，主要依靠仿製產品生存，1976 年 AMD 仿製 Intel 8080 推出了自己首款 CPU 產品 Am 8090。原本該產品未經授權生產，但英特爾當時已經頗具市場地位，為了擴大產能，就與 AMD 簽訂了授權協議，於是 AMD 成了英特爾的代工廠。

憑藉率先推出創新產品，英特爾在晶片產業聲名大噪，而 AMD 仍然專注於工廠的角色。到了 1980 年代，個人電腦產品和技術快速發展，IBM 公司從商業電腦向小型化的個人電腦轉型，對晶片有大量需求，於是引入了 Intel 8088 處理器作為微處理器。1982 年，出於分散商業風險的考慮，IBM 要求 Intel 與

AMD 簽署協議，讓 AMD 也成為 IBM 供應商。雙方達成協議，Intel 授權 AMD 生產 X86 系列處理器，但英特爾對 AMD 已經開始日益忌憚，因為當年 AMD 推出了自己的 Am 286 處理器，威脅到了英特爾的市場地位。

1986 年，英特爾單方面撕毀授權協議，不再允許 AMD 生產自己的產品，而自己則獨家生產 386 處理器。雙方就此展開了明面上的對抗，AMD 將英特爾告上法庭，但由於官司耗時長、成本高，對雙方都帶來了鉅額經濟損失。最終三年以後 AMD 勝訴，但英特爾消極應對，不斷拖延，直到 1994 年才發放 386 處理器生產許可，但此時技術已經更新換代，386 早已是市場淘汰產品，因此 AMD 錯過了多年發展時期。

1993 年，英特爾的 586 處理器面世。為了解決一直以來造成困擾的產品名稱問題，英特爾以 Intel Pentium 來命名處理器，並註冊了商標，當時英特爾已經成為全球最大的半導體公司。同年 AMD 開始研發自己的處理器 K3，並在三年後上市，不過並未取得太好的成績。桑德斯開始意識到新的技術更新勢在必行，於是 1996 年以 6.15 億美元收購了半導體公司 NexGen，並吸收了其設計研發團隊，延續 NexGen Nx586 的設計來開發新處理器。1997 年 AMD 推出了 K6，以高效能、相容性、價格便宜等特色切入市場，而次年推出的 K7 則被認為是首次衝擊到英特爾的產品，以及全球首款 1GHz 的處理器。由於這次產品釋出成功搶跑英特爾，所以在這次競爭中 AMD 首次取得勝利。

後來雙方的競爭開始變得白熱化，你來我往好不熱鬧。

第三章　生成式 AI 的技術挑戰與瓶頸

2003 年 AMD 推出 Opteron 和 PC 處理器 Athlon，在市場上大放異彩。2005 年又推出了以 K8 微架構為核心的 Athlon 64 X2 處理器，該產品被認為是 AMD 歷史上最成功的產品，並在技術上具有領先優勢。

但英特爾也隨即發動了反擊。從 2005 年開始英特爾開始制定 Intel Tick-Tock 計畫，「tick」代表微架構的處理器晶片製程的更新，「tock」代表微處理器架構效能的更新，整個週期為兩年。該計畫於 2007 年正式釋出，在它的指導下，2006 年 7 月，Intel 新一代處理器 Core 2 橫空出世，聲稱具有 40% 的效能成長和 40% 的能耗降低，這一產品讓 AMD 的優勢瞬間蕩然無存。

AMD 也開始逐漸調整策略，再次走上性價比之路。2007 年 AMD 斥資 54 億美元收購了當時的老牌 GPU 晶片商 ATI，但這筆收購並沒有為 AMD 帶來轉機，後來他們自己也承認收購價格太高，導致他們經歷了一段財務困難的時期，在當時的困境之下 AMD 出售了自己的晶圓廠。

在 Core 2 推出之後，英特爾在市場上幾乎是一騎絕塵。2014 年新任 CEO 蘇姿丰入主 AMD 後，開啟了大刀闊斧的改革之路。當時進行大規模研發面臨資金緊張的問題，蘇姿丰選擇與中國公司天津海光合作，進行技術授權，此後又與中國南通的一家公司合作，轉讓了晶片封裝業務。AMD 從這兩筆合作中獲得的大約 7 億美元，幫助其走上了反擊之路。2017 年，AMD 憑藉「Zen」架構的 EPYC 成功翻身，而此時的英特爾卻因為研發進度緩慢而倍感壓力。2019 年以「Zen2」為架構的二代 EPYC

釋出，AMD逐步奪回了市場。

根據路透社的數據，截至2022年第四季，英特爾的市場占有率從2021年同期的71.5%下降至68.7%，而AMD則從2021年同期的28.5%上升至31.3%。雖然英特爾在市場上仍然占據主要地位，但其下滑趨勢已經日趨顯著。其中最重要的原因是在技術和生產工藝上並沒有新的突破，此前英特爾曾因為效能上的些許改進就釋出新款產品被詬病為「擠牙膏」，而依靠摩爾定律打下的江山如今面臨著極大的衝擊。另外，英特爾業務本身對個人電腦的依存度非常高，而在PC電腦市場萎縮、出貨量下降的情況下，英特爾需要及時調整。在利基市場上，英特爾在整合顯示卡上雖然頗具優勢，但在獨立顯示卡領域卻難以與AMD及輝達競爭，因此如何開闢新的市場也是擺在英特爾面前的一道難題。

尋找成長第二極是英特爾最重要和急迫的選擇。

2021年英特爾老將派屈克・季辛格（Pat Gelsinger）重新回到公司擔任CEO，他提出了「IDM 2.0策略」，將外部晶片代工和自行生產兩手抓，同時成立晶圓代工服務部門（IFS），自行投入晶片代工業務。但在這個領域，英特爾需要與台積電等大型企業競爭，如果不擴大對製程工藝的投入，那麼英特爾很難取得突破，但加大投入的資金量巨大且耗時很長，也難以在短期內取得收益。因此在各個層面上，英特爾都面臨艱難的選擇。

2021年英特爾以153億美元收購了人工智慧晶片公司Mobiley，該公司的晶片主要用於智慧駕駛領域，合作車企包括寶

馬、奧迪、Volvo、大眾、福特、Zeekr，其在 2016 年前也曾經是特斯拉的供應商，不過後續不再合作。2022 年該公司分拆在那斯達克上市，但市值未能達到預期。因此，人工智慧晶片業務能否成為英特爾發展的新成長點仍然有待觀察。

產業價值：生成式 AI 面臨的新挑戰

在實踐中生成式 AI 已經有了不少的應用情境，其中以 ChatGPT 為代表的部分應用已經開始幫助人們解決需求，並有了商業化發展的雛形。但是生成式 AI 作為一種新生事物，其產業價值仍然處於孕育和孵化時期，想要達到全的產業化並以成熟的商業模式實際應用，還面臨著諸多元度的挑戰。

技術層面。首先實現產業價值需要解決的基本問題是技術層面問題，包括技術發展路線和技術成熟度問題。目前生成式 AI 已經具備清晰且明確的技術發展路線，以 ChatGPT 為代表的應用為生成式 AI 的發展指明了新方向 —— 以大型模型為訓練基礎，不斷新增參數，透過訓練來提升 AI 的智慧化程度。

但對於技術成熟度的問題，生成式 AI 的實際能力仍有待提升。比如在技術成熟度方面，就面臨諸多現實問題。例如中文語義的理解和分析，目前生成式 AI 無法更加深刻地掌握中文的語境，尤其是涉及歷史典籍、多音多義字詞、一語雙關等語言現象時，生成式 AI 仍然呈無能為力的狀態。再如語音生成中，

雖然生成式 AI 已經廣泛應用在短影片創作中，但仍然有技術粗糙的問題。面對中文的多音字、不同的斷句、方言問題，生成式 AI 技術處理尚不能達到完全替代主播或配音演員的效果。可以說在語音生成方面，生成式 AI 更像是讀稿機器人，而對內容無法進行真正的「理解」。目前解決這個問題的方式主要是靠部分人工校對和修正，而站在更長遠的角度看，生成式 AI 應當加強對中文語義的理解。這也是為什麼中文語系國家自己著手生成式 AI 相關技術是非常必要的，因為非中文語系的大企業無法從根本上理解博大精深的中文。

換句話說，生成式 AI 基本的技術本身就距離真正的成熟還有一定的距離，其實際解決問題的能力仍有待提升。當人工智慧技術有一個前所未有的特殊之處 —— 自我進化時，機器學習不僅會讓 AI 學到的知識變多，而且學習的速度也會變快。比如可能在半年以前，大家還在抱怨 AI 繪圖畫不好人物的手，而半年以後不僅人物的手能畫得很好，而且 AI 已經學會了處理圖層。這個發展速度是我們現在難以預測的，因此即使生成式 AI 技術尚不成熟，我們也不能否定它的產業價值，因為你不知道哪一天，新的革命性突破就會「從天而降」。

經濟和商業層面。針對經濟和商業性的問題，我們要從相關企業的發展路線來看。目前針對生成式 AI 產業，有三種可能的發展路線：

- 大型模型開發及訓練，類似 OpenAI。

- 大型模型＋垂直整合應用，類似 Midjourney。
- 調用大型模型 +API，開發特定應用情境。

第一種發展路線，適合於資金和技術力量足夠的頂尖大企業，因為普通的企業或新創企業無法承擔高昂的訓練成本和較長的週期，也沒有足夠強大的技術團隊。第二種發展路線適合有一定實力、尋求新業務的大中型科技企業，如果是新創企業企業，更適合從大型企業走出來的高階管理人員二次創業。第三種發展路線對於新創企業企業來說，具有一定可行性，但前提是生成式 AI 的基礎技術已經足夠成熟和普遍，成本低、速度快、穩定並且即取即用，能夠在二次開發的基礎上進行應用情境的深入探索。因此，經濟和商業層面與技術的成長是相輔相成、緊密相關的，二者不是獨立的關係。

另外一個困擾著相關企業的問題就在於應用情境，沒有足夠多的應用情境，任何技術都無法達成健康的商業化循環模式。但這並非是因為生成式 AI 無用武之地，相反生成式 AI 會有很多的實際用途。但萬事起頭難，生成式 AI 的應用情境將從何開始？很多企業目前在嘗試生成式 AI 的小型應用，但 ChatGPT 插件化的消息就已經讓創新者們擔心。2023 年 3 月 23 日，OpenAI 正式宣布了 ChatGPT 外掛程式系統上線，也就是 ChatGPT 與第三方應用相結合，與現有的 API 進行互動，從而讓 ChatGPT 的功能得以擴展。比如將 ChatGPT 與搜尋引擎結合，能夠實現更加精準的即時資訊搜尋和回饋，而不再是機械式地

生成訓練過的語句。再如,讓 ChatGPT 幫助使用者解決部分生活問題,包括訂機票、訂餐廳、制定行程等。當使用者輸入要求和限制,ChatGPT 會回饋合適的選項,使用者只需確認要求進行預訂,ChatGPT 就會完成預訂的動作,這樣就減少了使用者在中間環節搜尋的流程。

隨著 ChatGPT 插件化的發展,目前它解決不了的問題,以後會不斷得到解決。

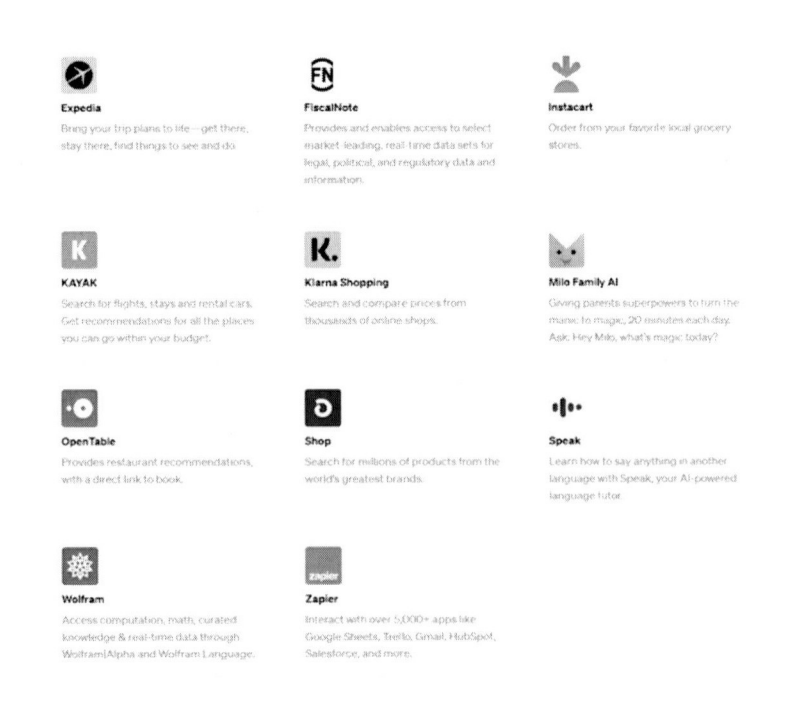

圖 3.5 部分參與 ChatGPT 插件程式的公司或應用

資料來源:OpenAI 官方網站公開資訊。

ChatGPT 的插件化對於生成式 AI 產業產生了一定影響。大量創業者和開發者擔心，ChatGPT 的插件化會降低市場上的創業機會，因為當 ChatGPT 變得更加全能之後，大量插件程式能夠幫助使用者解決絕大部分需求，那麼後續的應用開發基本上都只圍繞 ChatGPT 進行，換句話說，原本的生成式 AI 專案可能會直接被 ChatGPT 取代。除此之外，由於插件程式是與外部應用進行對接，可能會產生一定的安全問題，ChatGPT 能否保障使用者的資訊安全，這也是要解決的問題。至少，目前的網路安全產業需要隨之進行改變。

第一篇　生成式 AI 與人工智慧革命

第二篇

生成式 AI 的產業應用與價值變革

第二篇　生成式 AI 的產業應用與價值變革

第四章

生成式 AI 崛起的驅動力

資料爆發與技術進步

資料：人工智慧生長的養分

資料這個近年來大眾已經熟知的概念，已經在一些地方被列為「生產要素」，從社會管理、科技發展或資料及相關學科本身的角度來說，這都是一次變革。那麼資料本身代表什麼含義呢？為何在當今社會，它能成為生產要素呢？

資料是資訊的歸集、描述事物的符號特徵、對事物存在形式的表達和呈現。資料本身能夠以不同形式存在，它可以是純粹的數字，也可以是文字或符號；它可以是對事物特徵定性的描述，也可以是更加精準的定量描述。資料描述的對象也是豐富多元的，從自然地理特徵到機器的運作，從人物肖像到生物特徵，資料無處不在，無所不包。

隨著電腦科學的發展，網路時代的到來，數位經濟席捲全球。資訊爆炸帶來的是指數型成長的資料量，因此，新的需求

更加顯著：第一，人們需要更加完善和先進的資訊基礎設施或硬體來承載這些龐大資料，以保障設備正常運作、程式運轉順暢；第二，資料作為資訊的承載者，需要被分類、分析、統計和理解，人們需要在大量資料中找到自己需要的，了解這些資料代表什麼、有什麼作用、能夠怎樣幫助人們改進生產流程、提升工作效率，怎樣創造出新產業或模式。因此，對資料的研究、挖掘也逐漸朝學科化、體系化、技術化方向發展。

資料科學和資料技術，就是在此背景下產生的新學科和技術手段。資料科學透過對資料採用科學化的分析方法，將結論與實際應用情境或專業領域、技術結合，對資料進行搜尋、擷取或呈現。資料科學與電腦科學相結合，可應用於資料的挖掘、預測、統計、機器學習、文字分析等。資料科學是以資料為中心，以業務流為出發點，對原始資料進行蒐集、整理、探索、整理、轉換等一系列處理，以模型等形式輸出結果。這個結果能夠幫助工程師了解現象和問題，發現可以提升和改進的地方，從而改善業務流程，提升工作效率。

以資料科學為理論中心和基礎邏輯的資料技術，是以資料為基礎，使用資訊化、數位化的方式和手段，對資料進行擷取、管理和處理的具體技術體系。那麼，我們抽絲剝繭，仔細思考一下，資料又是什麼？又何以成為資料科學和資料技術中的基礎之基礎？

大數據，即 Big data 這個詞彙的出現是在 2008 年，《自然》

第四章　生成式 AI 崛起的驅動力

雜誌在 Google 成立十週年之際釋出專刊，針對當下和未來資料處理的問題，提到了「Big data」一詞。EMC World 2011 會議上，也提到了「Big data」這個詞。

大數據本身的含義可以從不同層面理解。首先，大數據可以被看成是龐大資料的合集，即資料本身；其次，大數據也可以理解為對大量資料處理的能力和流程，具有明顯的過程性特徵，同時它對「能力」也進行了概括，具有更加抽象的含義；最後，在大數據的概念更加普世化之後，很多人也認為，大數據還包括人們在大量資料基礎之上能夠做的事情、開展的業務和嘗試，而這些事情在資料量較小的情況下無法進行。換句話說，資料本身的定義就具有多元、多層次的特點，我們可以從不同的角度去理解和思考。

根據目前的研究，普遍認為大數據具備「五 V」特點：

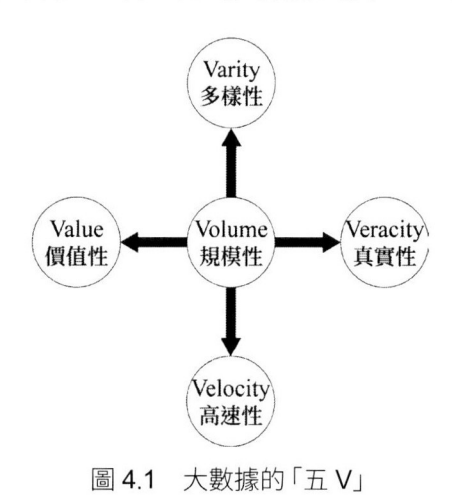

圖 4.1　大數據的「五 V」

- 規模性（Volume）：顧名思義，大數據前提是「大」，數量足夠多的資料才能為統計學提供足夠的樣本，幫助其分析出更加準確的結論。一般來說，大數據的 Volume 在數十 TB 甚至數百 PB。

- 多樣性（Variety）：大數據的多樣性指的是資料來源廣泛，按照資料間因果關係的強弱可以進一步劃分為：結構化資料，它們之間的因果特徵非常明確，比如財務、醫療資料；非結構化資料，它們之間不存在因果關係，比如影片、圖片等；半結構化資料，它們之間存在較弱的因果關係，比如文件、HTML 等。

- 高速性（Velocity）：大數據的高速性一方面展現在資料的傳輸、推廣、交換的速度要快；另一方面隨著技術本身的進步，對資料收集、處理、分類、反應的要求也進一步提升，從資料的批量輸入到輸出結果，其過程具備更加高效率的特徵。

- 價值性（Value）：價值性代表著資料的內在價值和意義，透過技術手段的處理，挖掘出資料中能夠有實踐意義的部分，用以指導人們的技術、管理、工作流程等各方面。

- 真實性（Veracity）：真實性代表著資料的品質和可靠程度，只有在資料足夠真實的情況下，才能支撐足夠的應用價值。

在資料科學和資料技術已然深入人心的今天，大數據已經是一種生產要素，它和土地、勞動力、資本、技術一樣，是生

產流程進行的基礎,是創造價值和產出的必然條件和手段,也是各類新技術產生和進步的基本前提。

對於人工智慧而言,大數據和資料技術是必要的條件和發展的基礎。人工智慧的自我學習和進化是透過不斷訓練來實現的,就好像運動員想要取得成績需要不斷訓練,以此形成肌肉記憶,在比賽中面對不可提前預知的情況進行快速的臨場反應。人工智慧自我訓練的模型就需要大量的資料。透過機器學習和深度學習等技術,人工智慧可以從資料中發現模式、規律和趨勢,並基於此做出預測和決策。在此過程中,資料透過對資料處理的過程,幫助人工智慧建立起決策基礎:

- 資料的收集和預處理:資料技術能夠對龐大的資料進行收集,然後進行整理過濾、處理、刪除重複內容等操作,使資料符合模型需求。
- 資料特徵擷取:資料處理技術將從資料中提取有用的特徵,包括數值、類別、文字、影像等,具體依需求而定。
- 模型的建立:常用模型包括分類、回歸、聚類、規則關聯等,這些模型能夠幫助最終決策。
- 模型驗證、應用和改良:資料技術能夠對模型進行測試和驗證,確認模型準確可用,同時根據實際回饋進行分析、預測和改良調整。

這個技術過程是幫助人工智慧建立起決策的過程和前提,

就像人類思考的過程。由於目前的人工智慧已經具備自我學習和自我進化的能力，那麼在實踐中大量重複上述過程，就可以幫助人工智慧進行知識的累積、回饋，這一過程我們可以理解為「訓練」。因此，資料和資料技術在人工智慧技術體系和發展過程中有著至關重要的作用。當然，只有技術層面的訓練仍然不夠，近幾年的人工智慧已經開始具備一定的應用情境和產業價值，而這是人工智慧更加普世化發展的前提。

判別式 AI 和生成式 AI

人工智慧的產業化價值可以從不同層面進行分析，比如產業層面、客戶層面、價值層面，也可以從人工智慧的邏輯起點來進行區分──判別式 AI 和生成式 AI。請注意，這裡我們討論的判別式 AI 和生成式 AI 均以目前的人工智慧技術體系為前提，不涉及漫長的探索過程中的雛形或萌芽階段。

判別式 AI，主要是學習資料中的條件機率分布，對現有的資料進行分析、判斷、預測的過程，並得出一個回饋或決策。該項技術目前已有比較廣泛的應用，包括我們常見的內容推薦、影像生成、電腦視覺、自然語言處理等。比如文字辨識技術（Optical Character Recognition），使用者輸入的圖片裡包含了文字，透過人工智慧分析和辨識裡面的內容，生成可以複製的文字。這一過程涉及電腦視覺和自然語言處理，同時在一部分掃描的過程中，還涉及前處理技術，包括調整影像對比度，旋

轉對齊，進行區域性裁剪、摺痕修復和墨點淡化等。再比如，購物平臺上掃描搜尋同款物品，是根據影像資訊進行辨識，並找出同類物品；目前已經廣泛使用的人臉辨識，可在各種行政手續中，幫助辨識和確認人的生物學特徵，以考核資訊的真實性和可靠性。

判別式 AI 技術以特定的輸出結果，幫助人們簡化工作程序、有效率地處理具體問題，提升效率、降低勞動成本。但是判別式 AI 是輔助性的功能，其決策能力體現在輸入到輸出結果的過程上，本身並不具備產生結果的能力。因此它也存在一定的局限性。

表 4.1　判別式 AI vs 生成式 AI

特徵	判別式 AI	生成式 AI
輸入	先驗的規則和條件	大量資料
輸出	特定問題的答案	新的、獨特的資料
訓練數據	根據已知條件進行推理	從資料中學習並生成新的資料
演算法	推理和搜尋	自動編碼器與生成式對抗網絡
應用	推薦、分類、規劃等	影像、語音、文本等生成
示例	基於規則的系統	風格轉移、人臉生成等
可解釋性	高	低
真實性	高	低
靈活性	低	高

而生成式 AI 則以另一種技術邏輯，提升了人工智慧的使用感受，其關鍵就在於「生成」二字。生成式 AI 從資料中提取各類要素，透過大型模型訓練，不斷提升分析和決策能力，從而產生一定的創造能力，它將傳統判別式 AI 的能力進行了延伸和擴展，讓輸出結果的展示更加多元化。目前生成式 AI 已在行銷、設計、傳媒等內容創作領域得以應用，其中一個典型案例是 ChatGPT。

2022 年末 ChatGPT 突然紅遍全球，人們驚訝地發現它不僅僅是一個能夠與人對話的人工智慧，而且具有龐大資料和更強的自然語言處理能力。在大型模型訓練的基礎上，ChatGPT 能夠更加自然地與使用者互動，也能寫詩、編寫文章跟程式碼等，幫助人們解決一定的問題。ChatGPT 帶來的衝擊和思考是多方面的，一部分人擔心未來部分簡單、重複性的文案工作將會被人工智慧取代，另一部分人則關心此類內容生成式的人工智慧前路在哪裡，將會發展成何種程度。

我們在思考 ChatGPT 之前，先聊聊生成式 AI —— 人工智慧內容生成（AI Generated Content）。

內容生產方式的變化

專業內容生成（PGC/PPC）和使用者內容生成（UGC）

在生成式 AI 的概念誕生之前，內容生成已經是網路生態中的重要內容。在網路時代下，資訊爆炸式傳播，人們既成為資訊的接收者、傳播者，也希望成為資訊的參與者、創作者，同時對資訊的內容產生了更大的需求。在這個背景下，內容生成成為網路時代的新生業態，主要方式分為兩種：專業內容生成（PGC/PPC）和使用者內容生成（UGC）。

專業內容生成，顧名思義，生產內容的主體具備一定的專業性，因為這部分內容生成過程往往具有較高的門檻和技術要求。比如影視作品的製作，涉及策劃籌備等準備工作，從製作過程中的實地拍攝，現場管理，後期製作、剪輯、特效、音樂、燈光，到製作發行的行政手續、流程等，這一系列過程通常需要公司或團隊合作完成。

在網路時代，專業內容生成的內容也在發生變化，網路公司透過技術和資源的整合也參與到內容生成中。比如長影片平臺參與影視作品的製作，相對於傳統的影視製作，這一類的專業內容生成表現出更高的適應性。比如在行動網路趨勢下，使用者看電視的趨勢逐年下降，而更傾向於在手機、平板電腦等行動裝置上或者螢幕投影觀看影片內容，因此這些平臺能夠從

策劃階段就開始適應使用者新的觀看習慣，從而打造出更加符合網路思維風格的內容。比如各類網路劇，由於其定位在網路平臺播出、觀看族群定位於習慣使用網路觀影的人，其內容更新換代速度要快於傳統電視劇，因此網劇常常更具有「輕薄快速」的特徵，製作流程縮短、劇集整體和單集時間精簡、拍攝方式簡化、表達方式更加直接等，從而為觀眾帶來全新的觀看體驗。

表 4.2　專業內容生成 VS 使用者內容生成

特徵	專業內容生成	使用者內容生成
內容創造	由專業人員或公司創建，專注於品質和專業性	由一般使用者或消費者創建，以個人興趣為導向
品質	通常具有更高的品質和專業性	品質和風格不一，因使用者而異
目的	專業化或商業化目的，例如品牌宣傳、市場推廣	主要用於興趣、娛樂、社交等個人用途，但自媒體興起後，個人使用者內容也可能包含商業化內容
形式	圖片、文字、影片、音檔	圖片、文字、影片、音檔
版權	機構	個人
知名度	相較於個人，知名度更高	取決於個人 IP 影響力
可信度	由於專業性與可控性較強，具有較高的可信度	可信度和真實性可能較低，需要一定的審核與篩選

但是，這裡的變化和創新，仍然沒有跳脫出專業內容生成的特徵，其製作門檻依然很高，並不具備「人人都能參與」的大

第四章　生成式 AI 崛起的驅動力

眾屬性。而隨著網路平臺的發展，人們對更加個人化內容的需求上升，尤其是當社群媒體出現之後，網路生態發生了翻天覆地的變化——普通人也能夠在網路世界中展現自我、發表觀點、與他人互動、受到他人關注甚至是成為某些領域的意見領袖。於是傳統的媒體傳播方式受到衝擊，廣大網友自己開始成為創作者或者內容本身。

事實上，人們的表達欲和溝通欲是在網路滿足了基本通訊需求之後，挖掘出的產業新價值。早在使用者內容生成誕生之前，網路就為人們搭建起溝通的橋梁。比如有的網路論壇最初是以情感、婚姻、家庭等話題為主軸，後來發展為涵蓋各類話題的綜合性論壇。又或是依照不同主題劃分貼文的互動討論平臺，大家可以在不同的主題板塊中與興趣相投的人聚在一起。在早期這類互動產品並不豐富的年代，這些論壇既滿足了人們的社交需求，又提供了一部分內容創作功能，很快就吸引了大量的用戶。

部落格（Blog）的誕生是使用者內容生成的另一推動力。部落格的誕生最早可以追溯到 1990 年代末，美國新聞工作者喬納森・杜布（Jonathan Dube）在為《夏洛特觀察者報》(*The Charlotte Observer*) 撰寫一篇關於颶風的「Weblog」文章，這是新聞媒體首次採用的部落格文章。1999 年「Blog」的概念開始流行，同年，伊凡・威廉斯（Evan Williams）和梅格・胡里漢（Meg Hourihan）創辦了 Blogger 平臺，這是第一批個人部落格平

臺，其母公司 Pyra Labs 後來被 Google 收購，並遷移至 Google Blog。進入 21 世紀，部落格的數量開始迅速上升，2003 年著名的 Wordpress 誕生。經過幾年的發展，文字和圖片形式已經不能滿足人們的創作需求了。2005 年 YouTube 誕生，使用者能夠用影片的形式釋出內容，2006 年 YouTube 已經成為全球最熱門的網站之一。YouTube 的誕生象徵著使用者生成內容開始由文字圖片向影片發展，而後的十幾年間，圍繞著使用者內容生成，YouTube 上誕生了一批具有網路影響力的網紅，並且以投放廣告業務為核心，形成了穩定的盈利模式，優秀的創作者和平臺均可以取得收入。2016 年 YouTube 上釋出的影片《Baby Shark Dance》獲得了 126.2 億次的觀看量，可見其影響力。

在新的趨勢下，網路使用者創作展現出了新的特點：

一是短影片作為創作模式的趨勢日益明顯。隨著行動網路的興起，使用者傾向於使用行動裝置來上網瀏覽資訊，對影片類的興趣大於文字資訊，網路資訊互動呈現出碎片化的趨勢。人們不再需要特定的時間來上網，而是在等車、排隊、通勤或休閒間隙時瀏覽手機上的內容，使用者注意力逐步被打散。圍繞新的使用者行為特性，影片類內容朝著精簡化、輕薄快速的方向發展，以短影片為核心的內容創作逐步成為新的內容創作焦點。

二是圍繞著使用者內容創作，形成了更加專業和完整的產業鏈。在產業鏈上游的供給端，在圍繞使用者內容創作的基礎

上，延伸出專業的網紅從業人員和孵化機構（Multi-Channel Network，MCN），並形成了廣告、電商、直播銷售等多種形式的新業態。使用者內容生成成為體系化的商業模式，比如一些平臺的內容創作者，從以興趣愛好為主的零星創作，開始向團隊化專業創作轉型，形成了更加具體的分工，雖然本質上仍然是使用者內容生成，但生產方式更有效率。產業鏈供給端的創新也帶動了不少更加垂直化的特定產業，比如為短影片平臺製作音樂、特效，為直播銷售提供服務等。

而在產業鏈下游的需求端，即廣告主、品牌廠商等也隨著生態模式的變化，採用了更加新穎和靈活的行銷方式，比如擬人化、個人化的社交帳號，使用網路流行語或哏與使用者直接溝通、採用更加柔軟和間接的方式在使用者內容創作中加入廣告要素，而不再尋求教育式、洗腦式的粗暴廣告曝光。同時，廣告主和品牌方也更加注重使用者的即時回饋，針對網路輿論採取更加及時的公關和行銷策略。

理解媒介：短影音為什麼能成為流量之王？

在使用者內容生成領域，短影音平臺無疑是最熱門和最具代表性的案例。現今短影音已成為影音產業主要趨勢之一，擁有大量的活躍使用者與新增內容。

從內容產出特徵來看，短影音內容的覆蓋族群廣、內容豐富，從娛樂節目到熱門社會新聞，從知識科普到萌寵動物，這些短影音的使用者內容產出能夠極大地滿足社會大眾的資訊需

求。大眾可以透過短影音觀察社會變化、了解最新網路笑點，在他人的內容中「雲端養小孩」、「雲端養寵物」，跟隨著鏡頭四處旅行看風景，也能學習做飯小技巧、解決生活小難題。一切似乎都可以透過短影音找到對應的內容。

這也正是短影音能成為當今網路流量之王的原因。

- 使用者內容生成機制鼓勵更多的普通人上網展現自己，讓網路平臺進一步深入下沉市場，打破不同族群間的資訊隔閡。大家可以在短影音中看到自己生活圈子以外的人和事。
- 影片長度和播放方式更符合現在使用者的需求。大部分影片縮減至一分鐘以內，配合生動的背景音樂，符合人的心理需求和現在使用者碎片化的行為特徵。上下滑動的操作方式簡單易懂，讓老人和少年兒童也可以輕鬆使用。簡單操作與精簡的影片容易造成「我沒有看很久」的心理感受，從而形成心理上的成癮性和依賴性。

馬歇爾·麥克魯漢（Marshall McLuhan）的著作《理解媒介》（*Understanding Media*）中，將資訊傳遞的媒介分為冷媒介和熱媒介。冷媒介指的是資訊傳遞中相對模糊、清晰度不足或資訊含量密度相對低，人們需要加入自己的理解和感官來接收資訊，比如電話、口頭交流、看文字內容等。熱媒介指的是資訊傳遞機制更加明確，人們不需要透過更多感官即可接收資訊，比如電影、照片等，人在其中不需要沉浸式參與，也不需要動用更多感官，只需要簡單接收資訊即可。網路時代，熱媒介更加受到人們的歡迎。比起看文字、看書需要動腦筋思考，至少

需要仔細瀏覽來保證不遺漏內容,而觀看影片則讓人更加輕鬆。

短影音充分發揮了其熱媒介的機制,其不僅在內容上將幾乎日常所有的活動都搬到了熱媒介上,形成全方位的吸引力,而且更短的內容搭配上大數據推薦機制,能夠更好地滿足使用者在零碎時間的內容需求,從而產生深層次的心理依賴。對於創作者而言,短影音造就不少「一夜爆紅」的案例,更深刻地激勵他們參與創作。因為很多時候,大家不再需要精心策劃或團隊合作來進行內容生產,而隨手釋出的內容有機率獲得很高的瀏覽量──也就是說短影音實際上降低了使用者的創作門檻,讓使用者內容生成這件事變得更加接地氣。不管是單純地記錄生活、抱怨吐槽,還是消磨時光,又或者是想要成為網紅,你都能找到機會,這就是短影音成為流量之王的原因。

市場需求推動生成式 AI 新發展

流量見頂:使用者內容生成的新挑戰

以短影音為代表的使用者內容生成平臺,讓我們在網路時代看到了更多的可能。「自媒體」是我們近幾年來談論較多的一個新業態,與自發性的使用者內容創作不同,自媒體具備了一定的媒體屬性,也就是使用者在創作之初就設計了內容的傳播性和創作性。但不同於傳統的媒體,自媒體的門檻較低、創作

手段和內容更加多元，使用者的自主選擇權更大。「自媒體」這個詞本身就頗具趣味，「自」代表著自己，意味著使用者自己本身就能成為媒體。

這些平臺應用構成了完善的使用者內容生成體系和特定市場，為網友提供了豐富的內容來源，為自媒體從業人員和創作者提供了不同的內容發送管道和功能定位，形成了完善的使用者內容生成生態。隨著平臺的不斷進化和創作門檻不斷降低，越來越多的個人使用者湧入自媒體領域，導致網路的使用者內容生成產業生態發生了一些變化：

首先，網路流量成長見頂。隨著網路普及率及使用手機上網的比例快速增加，對於自媒體而言，內容領域的成長型市場已經轉變為飽和市場，因為在仍未普及網路的族群中涉及嬰幼兒、低齡兒童和高齡老人等特殊族群，難以形成明顯的使用者成長。因此，新媒體領域競爭更加激烈，使用者內容生成的創作者們需要提供更加優質或垂直的內容，才能形成影響力。

其次，隨著資訊量的成長，網路上的內容生成產業面臨著較大的挑戰。平臺的便利性和高傳播效率造成了網路資訊的龍蛇混雜。比如利用圖片 PS 手段，短影片剪輯、拼接和後期配音等方式傳播虛假消息，普通使用者難以直接辨識；再如人工僱用他人來為自身內容評論、按讚、轉傳，表現出「虛假繁榮」的景象，俗稱「網軍」。對於涉及商業推廣的內容而言，「網軍」無疑侵犯了消費者知的權利，此類現象甚至還形成了線上與線下

勾結的灰色產業鏈。

同時，部分創作者為了在更加激烈的流量競爭中拔得頭籌，也開始採用一些非正常方式。比如一些採用極端方式作秀的網路內容創作者，透過不適合大眾傳播的內容吸引注意力。又或者，為了更快生成內容，部分創作者直接參考他人內容，除了直接抄襲之外，還可能採用換湯不換藥的「洗版」方式，利用網路智慧財產權判定的困難去將內容「縫合」。還有一些創作者抓住人們關心社會的心理，故意創作爭議性內容，以此引發廣大網友熱烈討論，從而讓帳號得到關注。

這些新的現象是使用者內容生成在網路上興起之時所不曾料想的。比起以往專業化的內容生成，使用者內容生成得良莠不齊，加上平臺演算法改良加快了其傳播速度，讓這些有害內容在網路上被放大，形成了實質上的影響力。

在流量見頂的今天，部分「唯流量論」的自媒體造成了這些亂象，但深究其背後的原因，又涉及另一個關鍵問題：在流量見頂的今天，網路內容生成如何取得新的突破？這個問題實際上應當交由技術來解決，這就是生成式 AI 產業需要發揮的作用──透過技術手段，突破目前網路內容創作的瓶頸；創作出更多新內容，同時進一步降低創作門檻，讓更多人一起參與；利用模型訓練，對產出內容進行規範，從源頭解決目前存在的問題。

▍延伸閱讀：MCN 與使用者內容生成產業化

MCN（Multi-Channel Network）源於美國的 YouTube，是專業內容生成（PGC/PPC）和使用者內容生成（UGC）融合衍生的產物。與傳統的 PGC 相比，MCN 更具靈活性，因為一部分 MCN 是以網紅個人 IP 為基礎延伸形成的，兼具 UGC 和 PGC 兩種屬性，相較於純粹的使用者內容生成更具有專業性和商業變現能力。另外一部分 MCN，則來自於傳統媒體的轉型、品牌企業內部培育和內容發布平臺的發展，因此對產業鏈有更加深刻的理解。

MCN 的發展經歷了三個不同的階段，第一階段，以 PGC 形成「流量抽成＋廣告」的形式，在專業內容生成平臺中植入廣告，並按照實際流量情況分潤，這一階段商業模式相對單一。第二階段，MCN 機構逐漸形成規模，並將個體網紅整合納入體系中，使 UGC 與 PGC 相互融合，以個人 IP 為核心，打造「廣告＋流量＋抽成＋銷售」的新商業模式。在自媒體浪潮下，MCN 引領的網路紅人經濟開創了全新的使用者體驗，網紅們在日常 Vlog 中植入品牌內容，拉近了與普通網友的距離。他們所傳播的內容，也不再是傳統廣告的刻板化展示，而是更加生活化，以柔軟的方式直擊人心。第三階段，MCN 本身也隨著內容的多樣化而轉型升級，開始專注更加垂直細分的領域，比如電商 MCN、內容 MCN、直播 MCN 等。這是因為使用者對內容品質的要求提升，傳統 MCN 已經難以做到面面俱到，因此 MCN 的轉型本質上是內容生態的變化。

從 PGC、UGC 到生成式 AI，不只是工具的進步

從 PGC 到 UGC，內容生成形式的變化伴隨著商業模式和業態的變化，以 MCN 帶動的網紅經濟，已經成為數位經濟產業中的重要一環。就像行動網路時代，各種 App 的產生既源於技術進步，也源於人們的實際需求。早期網路發展時期，並沒有導航軟體、生活服務軟體，而到了行動網路時期，使用者數量增加、此類需求日益顯著，而應用開發技術和資訊通訊服務也足以承載資料，於是各類 App 應運而生。

從產業的角度來看，生成式 AI 不只是技術成熟和市場需求多重因素作用的產物，更是網路生態系和使用者習慣變化的具體表現。身為網路購物者，我們厭倦於千篇一律的機器人觸發關鍵字回答，因為有時候既沒有解決問題，又無法安撫情緒；身為普通的手機使用者，我們反感機器人打來的電話，我們想回覆一句「下次不要再打了」，可是這個機器人不會理解，更不會遵照執行；身為遊戲玩家，我們不再滿足於人物單一的對話，我們想要遊戲世界裡的小人能更加貼近生活、貼近我們的心靈；身為普通網友，我們常常在搜尋引擎羅列出的結果中迷失自我，浩如煙海的資訊流彷彿流沙一般，容易將人捲進去。

科技不是冷冰冰的機器，而應該是人的本真和美好生活的另一種形式。小時候，我經常在父親出差回家時，去翻他的公事包，期望他能帶給我一些來自異地的小禮物。而現在，電

商的發達讓我們直接在手機上選好下單就行，小時候好幾天的期待，變成寥寥幾秒。青少年時期，情竇初開的孩子們用稚嫩的文筆向心裡的那個人遞交心意，他小心翼翼地寫著，一筆一畫，如今的告白只需要一個送出鍵，或是某部影片評論區的一個 @ 鍵。很多流程被減少了，很多心情也被擱置了。

如今我們期待生成式 AI 的發展和應用，不僅僅是期待一個新的工具，而是希望科技在進步的同時也更加多元和豐滿。我們在拚命趕路過程中遺忘了窗外的風景，生成式 AI 是否能幫忙找回？當然，我們現在就期待 AI 能夠充滿溫情和同理心，可能還為時尚早，但未來已來，生成式 AI 能否帶來更人性的內容，我們拭目以待。

第五章

生成式 AI 的核心應用

從目前的情況來看，生成式 AI 已經有了不少的應用實踐。就好像人類的思考能力和感官，AI 目前的應用主要在於文字生成、音頻生成、影像生成與 AI 繪圖、影片生成、多模態生成和虛擬人等。

媒體類應用

文字生成

2022 年 ChatGPT 的能力讓全世界眼前一亮，因為如果 ChatGPT 或其他的生成式 AI 應用工具能夠真正應用於文字生成領域，那麼將會把人類從繁重的寫作任務中解放出來，極大地釋放生產力。所謂的文字生成，並不是由 AI 進行天馬行空的創造，而是由人輸入一定的資料和訊息後，根據指令和要求，由 AI 進行輸出，具體內容包括：文章的續寫、摘要或標題的生成、

文字風格的修正、整段或整篇文字的完整輸出等。

目前，人們希望 AI 能夠順利完成的是可控制的文字生成任務，具體來說，就是不但能夠輸出內容，還能夠符合我們的期望和要求。比如說在 ChatGPT 中輸入「請生成一段老闆演講」還不夠，我們可以輸入「請以企業 CEO 的口吻生成一段演講稿，用途是新公司開幕儀式」。我們輸入的指令就包括了說話人的身分、講話的內容和講話的場合，那麼 ChatGPT 輸出的內容就應當是以類似「尊敬的各位來賓」等敬語開頭，如果不是，則代表它沒有完成輸入的指令。

當然，ChatGPT 的推出已經證明了文字生成技術已然成熟，但我們也要看到，由於人類語言的複雜性，AI 要想完全形成類似於人的語言能力，仍然有很長的路要走。

首先，文字生成應用中還需要融入對知識、常識的理解。其次，文字生成還涉及很多文字以外的因素，比如中文的一語雙關、文化常識、歷史背景甚至是現在的網路用語的引申等。同時，對於較長語段的生成，AI 的處理能力還有待提升。

從技術上來講，這個問題是可以解決的，透過上文來預測下文的方式，輸入一定文字，AI 依據現有的資料庫進行檢索，從而根據上文形成下文。比如我們輸入「白日依山盡」，由於該句子已經在 AI 知識庫裡面，因而它能得出下句「黃河入海流」。但這種方式存在的問題是比較「死板」，就是輸入結果受到知識庫範圍的限制，如果 AI 沒有足夠大的知識庫，那麼它就顯得

比較笨拙，而提升知識庫覆蓋範圍計算成本又非常大。另一種方式是，根據已輸入的歷史資訊，讓知識生成模型（knowledge generation）生成知識資訊，文字生成模型（response generation）形成符合邏輯文字的結果。比如說使用者輸入「我想買一束花送給我的媽媽」，根據常識分析，了解「花」是什麼東西以及它有不同的種類之分，而文字生成模型則分析出「送給媽媽」這個動作需要拆解成一些元素，比如購買的方式、花的樣式選擇、配送時間和地點。這樣它就具備了一定的思考能力。

雖然文字生成目前在技術上有待進一步提升，但其和現有的應用情境相結合，能夠產生商業價值：

- AI 研究報告：以大量的金融資料作為基礎，將資料技術與 AI 文字生成技術結合，能夠對龐大的金融資料進行分析和處理，自動生成市場分析、預測等方面的資訊。類似的研究報告，除了應用在金融領域，還可以和醫療、教育等領域相結合，幫助從業人員更完整地了解產業狀況。
- 結構化文字撰寫：以相對固定的資料或文字正規化結構，生成應用於具體場景的結構化文字，比如體育新聞、公司內部行政通知、演講稿等。美聯社於 2014 年開始就使用 Word Smith（一款 AI 程式）來撰寫財報類的新聞稿件。
- 創作型文字生成：相較於結構化文字，創作型文字具有更高的自由度、開放性和內容創意程度，甚至需要 AI 生成的內容突破人類的創意，或至少為人類的寫作提供靈感，目

前應用情境包括：小說及長文續寫、劇本創作等。由於目前的技術水準仍然沒有突破文字層面去深度掌握語義和文化環境，因此距真正的長篇內容創作仍有一定的距離，但它是未來生成式 AI 在文字創作層面的一個重要發展方向。

- 文字輔助生成：文字輔助生成功能包括蒐集資訊素材、文字素材預先處理、自動分組與刪除重複資訊，人類可以不依靠 AI 完成全部的文字撰寫，但是可以用它來解決內容創作中的素材問題，尤其有助於學術類文章的重複內容檢測、語句調整、素材整理等。

音頻生成

音頻生成是使用人工智慧來合成音頻材料，可以用於音樂創作，有聲書製作，影片、遊戲背景音樂製作及配音。AI 音頻生成的使用，能夠大幅降低背景音樂的版權費用成本、配音演員的僱傭成本，同時能夠方便使用者修改、二次創作等，具備較高的靈活性和便利性。具體來說，音頻生成包括以下幾種類型：

- TTS（Text-to-Speech）場景：目前 TTS 在生成式 AI 技術應用中是相對成熟的部分，已經具備廣泛的應用情境，包括：電話及網路智慧客服、配音製作、有聲讀物製作、導航軟體播報、教育服務等。

▌ 音樂創作：在音樂創作領域，AI 可以用於作詞作曲、編曲、人聲錄製和混音等部分，從而幫助音樂人製作母帶、創作音樂專輯等，該應用情境將大幅降低應用製作成本和產業門檻。

影像生成和 AI 繪圖

AI 影像生成的原理並不是訓練 AI 成為一名藝術家，而是透過模型的訓練來理解影像，並且提取其特徵、樣式和結構，透過演算法將人輸入的關鍵字指令融入到新的影像當中。其中的核心演算法包括生成式對抗網路（GAN）和卷積神經網路（CNN），前者能夠根據輸入的資訊生成新的資料，後者能夠將輸入的影像轉化為另一種風格的影像。

AI 影像生成技術不僅包括自然語言轉化為影像，也包括影像轉化為文字，即輸入影像後獲取相關的影像描述，這就要求 AI 具備辨識影像的能力。影像字幕技術（Image Captioning）就是將影像輸入神經網路，然後進行視覺特徵的提取，並生成描述這些特徵的單字序列。這就像是人類眼睛辨識物理世界中的物體一樣。

▌ 案例：快速走紅的 Midjourney

Midjourney 是一家新創企業的小企業，最開始僅有 11 名員工。這家公司因為其生成的繪畫作品在數字繪畫的比賽上獲獎

而引發熱議,從產業價值的角度來說,算得上生成式 AI 產業的一個典型案例,儘管這個產業從整個產業鏈到個別企業都仍然在生長發育中。

Midjourney 的創始人大衛・霍茲(David Holz)是一名多次創業者,其在高中時期嘗試做過設計方面的工作,大學時期學習物理和數學,在博士時期攻讀了流體力學。他曾經創辦了一家科技公司 Leap Motion,主要生產和銷售一種感測器。這種感測器可以支援手部或手勢動作無接觸向電腦設備輸入指令。2016 年該公司還開發出虛擬實境的手部追蹤軟體,2019 年公司出售給英國 Ultrahaptics 公司,新公司更名為 Ultraleap。

大衛解釋說自己想尋找不同的環境,而不是樂於創辦一家受資本家青睞的科技公司,於是他離開了自己親手創辦並經營了 12 年的公司,創立了 Midjourney。大衛認為,AI 領域有兩個突破促進了圖片生成工具的誕生,一是 AI 理解語言的能力,二是 AI 創作圖片的能力,當二者結合起來的時候,蘊含的創造力是無窮的。

Midjourney 目前可以透過 Discord 來使用,各位創作者也可以將作品放到討論區中。公測版 Midjourney 在 2022 年 8 月上線,據悉上線一個月後就已經達成了盈利,截止到 2023 年 4 月,Discord 平臺上 Midjourney 伺服器的累計使用者為 1,482 萬,同時線上人數超過 150 萬,而公司全職員工為 11 人。目前該公司沒有公開對外融資。

作為一個誕生之初就已經取得成功的圖片生成 AI,Midjourney 並不是類似於 ChatGPT 的大型模型，而是走「小而美」路線的小型模型。他們新創企業時期只有 11 個人，並且沒有進行任何外部融資，其成功的原因包括：

一是圖片生成類的模型訓練成本相對較低。據創始人大衛介紹，他們主要使用的資料基本上來源於網路。二是 Midjourney 搭建在社交網路 Discord 之上，後者已經具備成熟的討論區模式、大量的使用者基礎以及共享的網路生態。使用者在 Discord 上互動和回饋，可以幫助 Midjourney 進一步改善演算法。三是目前 Midjourney 已經採用 M5 模型，具備相對較低的入門門檻，使用者只需輸入關鍵字對繪畫內容進行限定即可。不少人在調侃，未來的畫師將轉型成為「人工智慧關鍵字輸入人員」。

當然，Midjourney 並不是完美無缺，它也有一些潛在的問題。首先是版權問題。Midjourney 是採用網路圖片作為訓練資料的，其中是否涉及版權問題目前尚沒有明確的規定和定論，目前也沒有法律來保護 AI 生成的圖片的版權，因此在管理問題上，仍然存在空白。其次是 OpenAI 的 DALL-E2 模型。由於具備大平臺的資源、入口和更大的模型訓練量，未來有可能成為 Midjourney 的競品。

影片生成

目前，針對影片生成技術及其應用，有兩種探索路徑：一種是以 Google 為代表的文字直接生成影片，目前仍在探索當中；另一種是根據現有影片二次創作或者合成形成新的影片。第二

種路徑目前已有相對成熟的實際應用專案及商業模式。

Google 在影片生成方面主要著眼於「文字——影片」模型。2021 年谷歌的 Google Research 發表了一篇論文〈Imagen Video：高畫質影片擴散模型的生成〉(*Imagen Video：High Definition Video Generation with Diffusion Models*)，其目標是形成「文字——影片」的應用功能，這在本質上和 AI 影片合成或剪輯有所區別。採用級聯擴散模型，使用者可以首先輸入一串文字提示詞指令，並使用 T5 模型將其編碼為文字嵌入，然後以較慢的速度生成一個較低解析度的粗糙影片，最後透過時間超解析度（TSR）和空間超解析度（SSR）模型對粗糙模型進行取樣，生成高畫質影片。

2022 年谷歌又發表了論文〈Phenaki：基於開放領域文字描述的可變長度影片生成〉(*Phenaki：Variable Length Video Generation from Open Domain Textual Description*)，新模型 Phenaki 的原理是利用雙向 Transformer 模型對文字描述進行處理，生成影片的指令（token），再對指令進行解碼，最終形成影片。

2023 年 3 月 20 日 Runaway 公布了模型 Gen-2 的使用申請。Runaway 的第一代模型 Gen-1 主要是使用現有影片素材生成新影片，而 Gen-2 據稱已經有了新的突破，能夠將影像或文字提示的構圖套用至原始影片，用以生成新影片，即「影片——影片」。目前 Runaway 能夠實現影片生成、畫風轉化、渲染、文字修改等多項功能。在商業模式方面，Runaway 目前採用的

是分級收費，基礎功能永久免費，標準版、進階版按每人每月付費，企業版需要訂製付費方案。另一款已上線的程式 Deepfake，則深耕於影片生成的分支——人物的融合，利用深度學習演算法和影像處理技術，使用者上傳人物的原始影片和需要融合的目標影片，即可形成「換臉」的新影片。

多模態生成

多模態生成指的是不同資訊表現方式透過生成式 AI 技術互聯互通、互相轉化的過程，就像人的感官能夠看見、聽見、聞到、摸到，多模態生成技術能夠讓人工智慧具備生成文章、影像、影片等多項能力，並進行輸入輸出的轉換。比如我們輸入文字發出指令，然後 AI 生成對應的圖片，或者我們輸入一篇文章，要求根據文章內容生成一段影片等。

多模態生成的技術過程，就像是模仿人的創作過程，需要思考、搜尋和整理素材、形成邏輯結構，最終形成文字、圖片或音頻影片的成果輸出。其中素材方面，人工智慧的素材可以是在已訓練出的能力之上，自己生成的素材，也可以是人為給予素材，然後人工智慧進行技術處理。

我們在前文探討文字生成影像的部分時，提到過輸入文字，然後人工智慧生成影像，這個「文字——影像」的過程其實也是多模態生成的一種，二者之間的關係本質上是兩種技術屬性

的關係，多模態生成是更加基礎的技術。就好比建設大樓，多模態生成技術就類似於工程勘探技術和建設基地的技術，而影像生成技術就好比建設樓層的技術。影像生成，包括其他生成式 AI 技術，需要以多模態技術為基礎來生成結果。

總體上說，多模態生成技術距成熟應用仍有一定距離，除了工業生產領域，還可以從自動標註字幕、自動生成圖片解說、圖文索引、視覺定位、影片去背等更多細分的具體領域進行嘗試，挖掘出更多產業價值。目前，多模態生成可以用於虛擬人，並已有部分應用案例。

多模態生成技術：虛擬人

虛擬人指的是人們在電腦等虛擬世界中，透過電腦圖形學（Computer Graphics，CG）等技術手段創作出的虛擬人物形象。有時候虛擬人會被賦予一定的特質，比如年齡、性格、外觀、個人經歷和觀念等，在視覺和情感關係上拉近與人們的距離，在不同的場合中為人們帶來更加生動的互動體驗。

生成式 AI 技術體系下的虛擬人，並非僅僅是利用視覺技術產生的動畫、電影、遊戲形象，而是融入文字、影像、音頻生成等技術，不僅讓虛擬人看起來更加逼真，也能讓其行為、動作和語言表達更加接近真實的人類。虛擬人能夠幫助人們承擔一部分溝通工作，比如虛擬客服、虛擬主持人、虛擬偶像等。

虛擬人有三個核心要素：「虛擬」、「數位」和「人」。其中虛

擬代表著應用場合虛擬化，與我們現實的物理世界區分開來，包括影片、遊戲、直播、動畫等；數字代表著數位化的技術手段，以「CG建模＋真人動態捕捉＋多模態技術、深度學習」等，形成一套「外觀＋動作＋內在」的技術體系，CG建模幫助虛擬人完成外觀設計，真人驅動利用真人動作的捕捉技術，讓虛擬人具備活動能力，而人工智慧多模態技術、深度學習等，則讓虛擬人具備思考能力，能對真實人類輸入的資訊做出分析、判斷和預測，並作出不同的反應，從而形成有意思的互動。

目前，虛擬人出於技術的原因尚未形成足夠的智慧水準，距離類似人類的水準仍有差距，尚未完全形成通用助手型的虛擬人，大部分用於宣傳、展示和解決部分一般性問題，主要以特定企業或產品為依託，以虛擬助手角色身分存在。但虛擬人並非沒有商業化的實踐，以虛擬偶像為代表的虛擬人已經引發了一波時尚熱潮。

案例：虛擬偶像引發新的時尚浪潮

虛擬偶像不同於虛擬助手，它不具備具體的服務職能，而是以一定的IP內容為依託形成的類人格化的人物形象，比如早期的初音未來。

虛擬偶像透過IP的打造、直播或表演等方式，實現其商業價值。比如，美國洛杉磯的虛擬網紅Lil Miquela，是一位多國混血的模特和音樂人，她目前在社群網站Instagram上已經擁有了超過200萬粉絲，2021年收入超過1,000萬美元。相較於真

實的人類偶像，這些虛擬偶像能夠擁有毫無瑕疵的外表，並且不會隨著年齡成長而變化。他們不會戀愛、結婚生子，不會做粉絲不希望看到的事情，也不需要休息，能夠以「24x7」的方式呈現在大眾面前。當然，他們也有自己的「主業」，Lil Miquela作為模特，要為不同的品牌展示服裝、與時尚業深度合作進行線上行銷，利用強大的網路影響力形成商業收益。

類似的例子還有韓國網紅Rozy，她青春亮麗、永遠22歲，她擁有自己的單曲和商業廣告，還與真實的人類明星共同出席活動。她的定位是時尚、活力，代表著Z時代族群追求個性的新生活方式。

虛擬偶像產業的發展，不僅是技術導向的結果，它的背後還有一支營運團隊，並正在逐漸形成產業鏈。虛擬偶像目前的運作方式，一般是MCN或真實藝人的經濟公司與技術公司合作，由前者進行虛擬偶像的形象人設打造、活動營運方案設計，搭建虛擬偶像的基本概念，包括從年齡、形象、性格到與真實觀眾的互動方式等。技術公司提供具體的技術支援。虛擬偶像與其他IP一樣，具有生命週期的屬性，因此虛擬偶像的孵化期、成長期和商業變現期都要有精心的設計和營運。

當然，虛擬偶像也存在一定爭議，包括它們是否能真正替代人類偶像的精神內涵、互動體驗以及真實的情感價值，在商業層面，它們是否真正值得粉絲和消費者買單，這些都是很多人在質疑的問題。但是毫無疑問，虛擬偶像為線上娛樂產業帶來了新的創意和收益。

第五章　生成式 AI 的核心應用

輔助程式設計

生成式 AI 本身作為電腦技術的產物,能夠透過大型模型的推理結果,形成輔助寫程式碼的功能。比如,ChatGPT 可以在程式設計師給予一些指令後,撰寫程式碼。但目前它只能以回饋結果的形式提供程式碼,還不具備自己直接生成程式碼的能力。

除了常規的寫程式碼、檢查程式碼或給出意見之外,生成式 AI 還可以被用於製作低程式碼平臺。所謂低程式碼,是一種軟體開發正規化,指的是使用圖形使用者介面和模型驅動的邏輯來簡化應用程式開發,以盡可能減少程式碼的使用。

目前已經有一些低程式碼開發平臺,比如 Microsoft Power Apps、Mendix、Appian、OutSystems 和 Salesforce Lightning 等。在這些平臺上,使用者可以像組樂高一樣製作 App,將功能板塊排列組合,搭建模組連接。使用者不需要具備很深厚的電腦知識和寫程式碼的能力,而更需要具備邏輯能力和設計能力。低程式碼平臺的誕生,象徵著未來電腦產業基礎技術開發方式將發生變化,生成式 AI 可將基礎程式碼提前設計好,或者至少提前設計好框架,程式設計師要做的更多的是將它們組合起來,並進行調整。甚至具備一定技術能力的應用公司,能夠自行開發 App。

生成式 AI 輔助寫程式碼的功能，可以視為整個人工智慧領域的一大進步，也是能夠實際提升生產力的著力點。雖然現在 AI 還不具備直接生成程式碼的能力，仍然需要人工輸入指令，但無疑將降低人類的工作量，或者會從整體上改變程式設計師們的工作方式，甚至是科技公司的組織架構、管理方式等。

第六章

AI 如何助力產業升級與轉型

　　新技術的產業化是將新技術應用於實務，並實際作用於產業的過程。技術的萌芽階段和初期發展，往往是相對孤立的，而產業化的過程就是將新技術同現有技術、產業結合，並將確認其生成步驟和流程，在一定規模的基礎上形成正規化。新技術發明，往往需要一段時間才能真正產業化，這裡面涉及很多問題。我們要理解當今的生成式 AI 的產業價值，可以從歷史、經濟和技術發展史的角度來思考，了解其中的共同特徵。

產業價值實現路徑

新技術的產業化

　　18 世紀工業革命時期瓦特（James Watt）改良蒸汽機的故事世人皆知，然而蒸汽機早在 17 世紀就已經有了技術原型。西元 1679 年法國人丹尼斯・帕潘（Denis Papin）製造出了第一臺蒸汽機的概念前身，西元 1698 年英國人湯姆士・塞維利（Thomas

Savery）製作出了第一臺蒸汽抽水器，西元 1712 年英國人湯姆士‧紐科門（Thomas Newcomen）製作出了早期的工業用蒸汽機，主要用於抽水。但直到半個多世紀後的西元 1776 年，在詹姆士‧瓦特的技術改良之下，第一臺具有實用價值的蒸汽機才得以誕生。蒸汽機在瓦特改良完成後，並沒有得到快速推廣和應用，半個世紀後，蒸汽機才逐漸成為主要的動力來源，並推動了英國工業革命的進行。

這實際上就是一個典型案例，它生動說明了技術產業化過程中的一些問題。首先是技術問題，蒸汽機從 17 世紀末的原型到瓦特改良的年代，中間經歷了技術的改革，使其具備了實用性和相對穩定的效能；其次，從技術能夠使用到大規模普及，實際上是總體經濟和市場的變化共同推動的。生產力的不斷提升和技術的改善會降低使用成本，而社會的變革產生了新的生產力需求，供需關係的變化為技術的產業化提供了基礎性的條件。

技術的產業化過程，真正應用了新技術，同時也催化了對現有技術的改進和對現有產業的改造。西元 1765 年詹姆士‧哈格里夫斯（James Hargreaves）發明了珍妮紡紗機，並推動了英國紡織業從小型工作室生產轉向工廠製造，大大提升了生產效率。但當時珍妮紡紗機使用水力作為動力，後來又使用紐科門的蒸汽機泵。到了瓦特的蒸汽機時代，工廠主曾請求瓦特提供一批蒸汽機，一開始遭到了瓦特的拒絕，因為他認為水力足以支撐這些工廠正常運作。之後瓦特意識到自己錯了，這些工廠

產生的經濟效益能夠支撐蒸汽機的成本，而產能提升後又能產生更多經濟效益，蒸汽機的確應該用於紗廠。後來在工業革命浪潮下，以蒸汽機為動力的紡織廠逐漸替代了以水力為動力的紡紗廠。

歷史已經告訴過我們答案，新技術不是孤立的，它必須要運用在實際生產中才能創造價值。產生價值的方式可以是與已有的技術相結合，推動生產方式的改變，從而引發一系列更加深刻的變革。

技術產業價值的核心要素是：技術的穩定性、市場的供需關係、技術的成本與利潤。技術穩定性無須多言，不穩定的蒸汽機無法帶動大量工廠轉變生產方式。市場的供需關係及技術的成本利潤是緊密相關的兩個要素，它們都是技術產業化的前提條件。

商業化和長線思維

技術的產業化是我們站在全局視角進行的分析，當我們觀察具體的公司時，我們要理解技術透過企業來實現商業化的過程，它是技術產業化中更加具體的一個環節。技術的商業化指的是技術能夠運用於商業模式中，產生的利潤能支撐各項成本，形成健康穩定的盈利模式。只有能夠商業化的技術，才能真正運用到產業中，並發揮更大的作用。

案例：全錄公司（Xerox）

早在 1940 年代，世界上第一臺通用電腦就已經誕生，然而並未迅速普及，原因是早期的電腦體積龐大、用途尚不明確、操作複雜，不具備商業化的基礎條件，因此沒有被社會大眾所認知。隨著電腦後續的發展，技術成熟、體積變小、成本降低，開始浮現出商業化的曙光。其中有個代表性的案例——全錄公司。

1970 年代美國全錄公司專門建立了一個電腦研究中心帕羅奧多研究中心（PARC，Palo Alto Research Center，Inc），彙集了當時大量的美國電腦專家。在這裡他們研發出了第一臺個人電腦 Xerox Alto。Alto 和今天的家用個人電腦的概念完全不同，它採用了對程式設計師可見的微指令控制器，因此軟體公司可以用於改良應用程式，而且這款電腦是附帶滑鼠的。當時他們的一位工程師艾倫・凱（Alan Kay）提出了筆記型電腦的構想，他當時在開發一款叫 Xerox Note Taker 的電腦，被認為是後來筆記型電腦的雛形。全錄的創新成果還包括雷射列印機、乙太網路、下拉選單、圖示等等。

不僅如此，當時的全錄工程師提出點陣圖顯示的概念，就是用畫素作為圖片元素來排列形成圖片。當時，人和電腦的互動方式還是靠文字指令，因為電腦效能有限，文字指令不會影響運作速度。但是，人們需要專門花時間學習操作方式。以點陣圖概念為基礎的圖形使用者介面將會極大降低學習門檻，也為後來電腦的普及化奠定了基礎。但圖形使用者介面卻並未為

第六章　AI 如何助力產業升級與轉型

全錄公司帶來商業利潤。

1979 年全錄公司希望投資另一個電腦界冉冉升起的新星——蘋果。賈伯斯（Steve Jobs）開出條件，希望能了解 PARC，於是當年前往該研究中心參訪了好幾次。在賈伯斯的不懈要求下，他了解了圖形使用者介面的關鍵技術。

1983 年全錄公司推出了搭載著圖形使用者介面的電腦 Xerox Star，但由於高達 16,000 多美元的售價以及緩慢的速度，該產品僅僅賣出去 3 萬多臺。當年蘋果公司也推出了同樣搭載圖形使用者介面的電腦 Lisa，售價為 9,900 多美元。而 1984 年蘋果推出的搭載圖形使用者介面的電腦「麥金塔」（Macintosh，也就是我們今天所說的 Mac），售價 2,495 美元，大獲成功。因為蘋果在 Lisa 的經驗教訓之上改善了設計結構，降低了成本，於是 Mac 電腦的釋出解決了當時最關鍵的一個問題——商業化。

雖然賈伯斯借鑑全錄一事雙方各有說法，在此暫且不表，但全錄公司無疑是技術創新的成功者，然而卻是商業化層面的失敗者。

先進技術有時在商業化層面無法取得成功，有一些共通性的原因：

第一，技術本身超出了市場當下的需求。例如在西元 2000 年左右，曾經出現過語音人工智慧系統。但當時個人電腦沒有普及，市場對語音助手的需求極其有限，可以說是「偽需求」。但時過境遷，在人工智慧逐漸普及的今天，語音助手已經具備

廣泛的應用情境了，因此語音智慧系統才能夠在市場上真正大放異彩。

第二，商品化的成本問題。當先進技術剛開始實現應用時，常常面臨成本過高的問題，高成本導致過高的定價，消費者必然不會接受。而成本的降低，一方面來自於技術本身不斷的改進升級，從框架結構設計、原材料的使用到工藝流程的改進，根據市場反應不斷進化；另一方面也是來自商業策略的調整，比如供應鏈的升級、供應商合作模式的變化，等等。多方面因素共同推動，降低了產品成本，讓產品價格能夠降到消費者可以接受的範圍內。

第三，企業的策略和技術整合性的問題。企業在面對新技術帶來的新商業機會時，需要有正確的發展策略作為保障，比如及時跟進技術的換代，抓住合適的機會推出新的產品、採用新的行銷方式等。

生成式 AI 作為目前備受關注的技術體系，同樣面臨著商業化的問題。商業化決定了生成式 AI 未來的產品形態、營運管理方式、市場策略等等，只有在技術發展的同時，逐步實現健康、長久的商業化路徑，才能催生出更多實際的應用。而這些應用情境將會催化出新企業，各種企業在發展中不斷衍生、合作，探索出更加明確的上下游產業鏈，形成更大規模的產業化。因此，我們在探究生成式 AI 議題時應當「以史為鑑」，對發展的方法論有更加深入的理解，從而避免犯下同樣的錯。

案例：柯達公司（Eastman Kodak Company）

柯達公司曾經是相機產業的翹楚，在技術上和商業上都有過巨大的成就，但是最終卻被時代所拋棄。柯達成立於西元1888年，創始人喬治·伊斯曼（George Eastman）是一名銀行員工，西元1878年他發明了一種乾明膠的膠片。當時傳統的底片都是溼片，需要非常龐大的處理設備，而乾明膠膠片的發明則解決了這個問題。西元1886年他又發明了捲式感光膠捲，即「伊斯曼膠捲」。西元1886年伊斯曼研製了新式照相機。西元1888年，柯達公司的小型相機「柯達一號」推出。西元1897年柯達公司取得了行動式相機的專利。3年以後他們釋出了布朗尼相機，是一款帶有彎月形鏡頭的盒式相機。布朗尼不但能夠快速輕便地使用，而且售價僅1美元，受到了消費者的歡迎，當年銷售量高達15萬臺，「快照」一詞也因此產生。

柯達公司當時快速搶占了市場，因為他們一方面在不斷改進技術、推陳出新，另一方面在降低成本，並適應使用者的使用習慣。到1930年柯達公司入選道瓊成分股時，他們已經占據了世界攝影器材四分之三的份額，是當之無愧的攝影器材產業巨頭。在此後的近半個世紀中，公司一直保持著強大的競爭力。

1975年世界上第一臺數位相機誕生，發明者正是柯達公司的電機工程師史蒂芬·沙森（Steven J. Sasson），但是他的發明並沒有得到公司的認可，因此沒有作為產品正式推出。這一切的原因是數位相機不需要底片，而當時柯達公司認為底片是消耗品，能夠讓使用者反覆購買，數位相機則是低頻消費品。於

是柯達公司錯過了數位相機。

市場不等人。1988年富士推出了第一款商用數位相機，到了1990年代尼康、佳能等玩家也相繼加入，競爭格局變得不太明朗。此時，柯達意識到數位相機取代底片相機已經是必然趨勢，1996年，柯達與尼康聯合推出DCS-460和DCS-620X型數位相機，與佳能合作推出了DCS-420專業級數位相機。但柯達此時的策略仍然搖擺不定，1998年柯達還在中國收購傳統底片廠，仍然想要抓住傳統底片市場。

到了2003年，柯達進一步調整了企業策略，重組內部業務板塊，將數位及膠片影像、商務印刷、顯示及零件、醫療影像和商業成像等五大板塊定位為業務方向，次年柯達正式停止底片相機的銷售。該舉措顯示了柯達轉型升級的決心，但此時柯達已經錯過了最佳轉型時期，底片相機市場在數位相機的衝擊下，迅速萎縮，市場占有率迅速被富士、佳能、尼康等占領。2004年開始柯達走向了虧損之路，2007年靠出售資產獲得短暫喘息，2012年正式在紐約申請破產。2013年柯達進行了重組，重新開始了業務。

柯達的落敗源於在商業化進程中，企業的策略沒有及時調整，固守著以往高利潤的業務而沒有看到新技術的市場潛力。在轉型時期，柯達公司還面臨著左右搖擺的情況，沒有及時放棄應當被淘汰的舊技術。而柯達的競爭對手，富士底片的轉型路徑則更加清晰，富士將傳統底片、數位相機、數位影像等傳統業務調整為醫療生命科學、高效能材料、光學元件與裝置、

電子影像、檔案處理和印刷等六大新業務模組,藉由以往的技術累積進入技術門檻更高、利潤空間更大且更具有發展潛力的新市場,從而完成華麗轉身。

如何理解產業升級

我們已經探討過生成式 AI 的應用情境,那麼生成式 AI 的產業價值是否在這些應用情境中就能實現呢?實際上,這些應用情境是生成式 AI 產業價值實現的必要載體和路徑,但僅僅搭建應用情境對實現商業化來說還是不夠的。產業價值的實現靠的不是某一項先進技術或者某一個領導型企業,而是圍繞著技術誕生一批具有業務關聯性的企業,產生競爭和上下游合作的關係,從而形成群聚效應。一般來說,新技術的產業價值並不是從天而降、憑空誕生的,而是首先要與現有產業相結合,達成現有產業的轉型升級。

我們該如何理解產業升級?這不是一個高深的經濟學詞彙,而是在歷史長河中不斷發生的變化。「量變形成質變,質變帶來新的量變」,就這樣周而復始,技術推動產業升級。

我們可以從不同的角度來理解產業升級。站在整體的角度,產業升級代表著第一級產業、第二級產業、服務業(第三級產業)三者比例和結果的變化。過去第一級產業占據比例最高,是

因為人們的生存對自然資源的依賴程度高，食物來源是生存第一要素，而工業時代大幅的提升了第二級產業比例，因為人們的食物需求已經得到滿足，對工業製品的需求逐步提升。而在現代社會數位化浪潮之下，工業生產技術提升，變得更加輕量化，因此服務業的輔助作用日益突顯。三者之間結構的變化反映的是社會發展動因的變化。產業升級還可以理解為生產要素的變化。比如過去社會發展依靠土地、勞動等傳統生產要素，而現在資本、技術和資料成為更加重要的生產要素。工業時代，傳統產業開始從勞力密集型向資本、技術密集型轉變，到了數位時代，則向資料密集型轉變。而在智慧時代，資料將在產業升級中發揮更加重要的作用。

產業升級帶來的直接影響，就是更快的效率、更低的成本和更合理的人員配置。

以前人們製造汽車，採用純手工製造，一個工人需要完成不同流程的組裝，流程長、效率低下。而福特在實踐中發現，將製作流程拆解成不同步驟，並使用輸送帶進行連接。每個工人只需要完成特定的步驟即可。生產線的使用大幅提升了工作效率，因為工人們只需要完成一個固定的步驟，他們不需要接受額外的訓練，也不需要更多的思考。而輸送帶本身的不斷改進也節約了生產時間。工作方法和應用工具的改善，極大地提升了產量——這是工業時代的產業升級。

以前我們去銀行辦理業務，需要填寫一些單據，而在數位

第六章　AI 如何助力產業升級與轉型

時代，數位工具的使用省去了我們填寫單據的過程，也省去了工作人員輸入單據的過程。線上化業務的推廣更是省去了前往銀行的這個過程。而對於銀行來說，工作人員能夠將時間用於更加重要的事情上，人力資源配置更加合理化；數位審批系統系統代替了一部分審批人員的工作，資金監管和金融風險的防範則由電腦來代替。這是數位時代的產業升級。

而在智慧時代，產業升級則以新的方式進行。如果說工業時代的產業升級是以技術、工具和管理方法的提升來節約時間和成本，提升工作效率和產品品質，那麼數位時代則是依靠數位工具來減少工作的中間環節，降低的是資訊傳遞成本和溝通成本；而智慧化時代則是透過機器部分取代人工來降低成本，這種替代性對降低成本與提升效率的影響作用是全方位的。比如，一部分危險的工作由機器人代替，提升了人的安全性，降低的是管理成本；人工智慧利用資料分析和判斷，生成報告或決策，降低的是資訊處理成本和決策成本，提升了腦力勞動的效率。

產業升級的另外一個深層影響是，對人的全面發展與能力提升。從工業時代到數位時代，純粹的體力勞動需求下降，技術密集型的勞動需求提升。工業時代，由於生產線的不斷改進，生產汽車不再需要那麼多的工人，但是設計汽車和提升生產線水準的工程師仍然是重要的人力資源。數位時代，技術密集型勞動進一步替代體力勞動，但對知識數量和品質的要求也

在提升,於是電腦工程師和程式設計師等新職業誕生。電腦和網路普及之後,社會對人的要求變得更細化,基礎的電腦應用技能已成為通用的工作技能,人人都需要會一點,比如行政類工作幾乎都需要會使用 Microsoft office 軟體。電腦專業技能則變得更加集中化和高階化,對純電腦產業的從業人員技能要求在提升,而對於一些特定的產業,比如量化交易等,則需要電腦能力與專業能力相結合,寫程式碼基本上是少不了的。

在智慧時代,人的職業要求也在悄然進行變化。比如,AI 繪圖產業的興起,讓畫師們的必要技能從作畫變成了利用人工智慧發出指令,並對 AI 作畫進行修改調整。但這只是一個開始,由於人工智慧目前的普及程度尚不及電腦和網路,我們不能武斷地判斷其未來對人的塑造和影響程度,但是可以想見的是,智慧時代下的變革深度和廣度都將遠超於工業時代和數位時代。

生成式 AI 帶動產業升級

現在讓我們把目光進一步聚焦,看看生成式 AI 如何實際推動產業升級。生成式 AI 某種程度上是人工智慧功能的具體展現,可以從不同的角度來推動新的產業升級:首先是作為生產工具,就好比福特工廠生產線上的輸送帶,幫助運送生產料件,但操作者仍然是工人。生成式 AI 目前已經發揮這個作用,不論是生成的文字、影像、程式碼或音頻影片,人工智慧向人

第六章　AI 如何助力產業升級與轉型

們提供這些素材，但最終的篩選、核對、補充等工作仍然由人來完成。其次是在部分領域作為人的替代品。比如配音產業，由於該領域技術已經相對成熟，所以短影片作品基本上可以達成由生成式 AI 替代人類完成。

具體來說，生成式 AI 對產業的升級主要有三種路徑：一是針對存在的傳統產業或特定的產業，進行部分或全部的改造，以生產工具的方式幫助提升生產效率；二是以新舊關鍵產業融合的方式，延伸出新的上下游產業，形成新的商業模式和就業機會；三是在生成式 AI 自身不斷發展的過程中，產生現在尚不存在的全新產業。

第一種路徑，即生成式 AI 針對傳統企業的升級改造，這是相對比較容易落實的，這一過程不涉及整個產業鏈的重塑，更像是一種新工具的採用。比如在新聞媒體產業，部分媒體已經開始採用人工智慧寫稿，但目前生成式 AI 擔任的仍是工具型角色，並未對產業產生衝擊性的影響。

第二種路徑，即生成式 AI 與關鍵產業的融合，在促進現有產業效率提升的基礎之上，延伸出全新的特定產業或商業模式。比如說生成式 AI 與金融產業融合，不僅能透過智慧財報、資料分析等業務來提升工作效率和準確性，而且能幫助金融產業延伸出金融科技、金融安全等基礎性服務產業。生成式 AI 與關鍵產業的融合，前提是技術具有足夠的成熟度、應用情境足夠豐富並且有可靠的商業模式。我們在第七章中會詳細討論。

第三種路徑，目前無法給出一個確切的定義和範圍。因為生成式 AI 作為一種新生事物，仍然處於技術換代、業態探索的發展期，需要更多的實踐經驗來推動進一步發展。就像在網路發展初期，我們是無法預知「網紅」、「職業部落客」這類職業的。而當自媒體產業呈現規模體系之後，圍繞 KOL 形成了完善的產業鏈，不僅有臺前的網紅們，還有幕後的企劃、培訓等。同理，當生成式 AI 應用到各行各業後，勢必會有類似這種的全新的職業誕生。

案例：低程式碼產業

低程式碼產業，生成式 AI 帶動產業升級的一個典型案例。低程式碼產業的興起源於企業數位轉型的需求，具體的需求點在於：①傳統的數位化流程實施週期長、成本高，非技術類企業對數位化流程了解程度低，與技術方溝通難度大；②大部分專案屬於短期專案，企業級專案需求不足。IDC 的數據顯示，2021 年亞太地區的企業數位轉型過程中，8％處於開始階段，38％仍然處於起步階段，18％處於初級階段，30％處於中級階段，僅 6％處於高級階段。

低程式碼產業則能夠針對這些痛點，為企業提供服務。低程式碼的易操作性、便捷性大幅降低了技術門檻、業務成本和溝通成本，幫助企業加快了數位化升級流程。但是作為一項新興產業，低程式碼產業也存有一些問題：雖然企業端存在很大的需求，但低程式碼開發商缺少使用者思維，開發出的低程式碼產品仍然是給開發人員使用的，不是面向具體的業務人員。

而業務人員的需求又很難被低程式碼公司的開發人員深入了解，這種資訊不對等使得業務流程不完善。另外，低程式碼產業的人才培養和市場需求方面仍然不足，高階人才缺口較大，低階人才冗餘，造成了招募和求職「兩頭難」的現象。

生成式 AI 將是解決低程式碼產業問題的關鍵，透過 AI 輔助程式設計的功能，降低底層程式碼的工作量，並幫助改善低程式碼開發工具。透過賦能「基礎技術的底座」，生成式 AI 能夠成為數字基建的中堅力量。未來隨著技術的普及，AI 能夠為低程式碼產業解決更多實際需求。

生成式 AI 推動企業策略轉型

生成式 AI 推動企業數位轉型

作為產業升級架構中的基礎單位，企業在生成式 AI 發展的趨勢下，面臨著機遇和挑戰，其中最重要的機會是數位轉型。

何謂數位轉型？就是企業透過數位化的工具，短期內提升工作效率、改善工作流程，長期內進行組織結構、企業策略等更深一層的改良和升級，從而讓企業跟上時代的腳步，在瞬息萬變的市場環境中具備關鍵競爭力。

在網路時代，網路成為新的產品服務承載平臺，很多企業的業務模式、管理流程都需要以網路的方式重新做一遍，這就

是網路時代的企業數位轉型。比如，從傳統的實體辦公到遠距辦公，數位化升級改善了事務流程，減少了過去紙本檔案的傳輸、列印過程。遠端會議則利用網路通訊，解決了物理空間的障礙，讓處在不同地點的人能夠進行溝通。

在智慧時代，企業的數位轉型則需要更加深入和全面。首先，用機器人替代高重複性的工作，改善工作流程、提升工作效率；其次，將 AI 與業務流程深度融合，創造出新的業務成長點或創新商業模式；同時，在以上基礎上達到企業策略、管理模式和組織架構的改善和調整。下面我們透過幾個具體的情境來了解企業數位轉型的重點。

生成式 AI 與線上行銷

在數位經濟浪潮下，不少企業開啟「線上＋實體」的經營模式，線上主要承擔市場行銷、品牌推廣、使用者回饋和線上售後服務等工作。隨著網路發達、資訊不對等性降低，網路行銷開始呈現出同質化的特徵，大量類似的文案對使用者不再有新鮮感，植入各類影視作品或長短影音的廣告也不再具有良好的轉換率，創新的線上行銷手段成為新的需求。在生成式 AI 技術的幫助下，大型模型能夠更加準確地標註、分類和分析使用者接收到的文案，並進行重新組合，生成更加個人化的內容。同時，生成式 AI 與現有人工智慧、資料等技術的深度融合，能幫助企業更好地了解使用者回饋和實際轉換率，進一步提升線上

行銷效果。

比如,利用生成式 AI 技術生成虛擬的品牌虛擬代言人,與網路直播、影片廣告等場景相結合,並與使用者進行直接互動,展現出符合品牌調性的人物形象、做好深度客戶服務等。還能利用生成式 AI 生成廣告文案、行銷活動方案、廣告歌曲、影片、圖文海報等。透過生成式 AI 解決內容生成的部分,企業的行銷團隊能夠將重心放到品牌調性的掌握、形象的設計、客戶的長期維護等方面,形成策略主導型的行銷方式,與企業發展方向更好地融合。

生成式 AI 與辦公流程

另一個典型的企業數位轉型的情境是日常辦公。雖然網路時代的數位轉型,讓企業已經具備遠端辦公能力,但是結構化文件的撰寫、員工郵件和資訊的處理還是需要自然人來處理。隨著生成式 AI 的發展,更多事務可以由人工智慧來代勞,比如工作日報的撰寫、財務情況的分析。

試想一個場景,你由於外出,很長時間沒有處理群組訊息,當你打算集中回訊息時,卻發現十幾個群組中有多達上百條訊息,你感到有點煩躁,因為你需要優先回覆重要或緊急的訊息。而人工智慧的加入,將來能夠幫你「讀」這些訊息,它能將訊息分類標註好,向你提供簡要概述,你很快就知道哪些訊息更加重要,需要優先回覆。甚至生成式 AI 能夠幫你自動回覆一部

分訊息,這裡的自動回覆不是目前部分聊天軟體中提前設定好的制式化回覆,而是人工智慧透過分析和理解,判定任務屬於日常類型,便可以生成回覆文字,以免因為延遲回覆影響人際關係。

目前,已經有一些辦公軟體導入 AI。「生成式 AI+辦公」能夠改善行政流程,將行政人員從重複性的工作中解放,從而將重心放在 AI 無法替代的人員管理、面對面深度溝通等方面,讓企業有序運作的同時,將人的能量更加集聚。

生成式 AI 與企業組織結構改善

生成式 AI 在各種場情境的應用,最終要應用於改善企業的組織結構。企業的組織結構改善是透過對組織架構的調整、人員分工的安排,梳理企業的業務流和管理層級,從而實現內外資源的最佳化配置。

在生成式 AI 廣泛使用的基礎上,企業可以強化管理中臺和技術中臺,透過中臺來放大技術的作用,從而帶動組織架構轉型。所謂中臺,就是透過資訊科技打造企業內部通用的服務平臺,幫助各個部門共享通用的服務和管理。就好像我們在家上網,需要一個路由器,這個路由器的訊號既可以供手機使用,也可以連接平板電腦、個人電腦(PC)等其他設備。我們只需要一個路由器就可以確保家庭網路的使用,而企業中臺就像企業組織架構中的路由器。

搭建高效能的企業中臺，可以將企業業務流程和經驗進行沉澱，提升整體效率。比如，技術型的企業可以建構技術中臺，放上通用程式碼、演算法和模型，這樣在開發新產品時，技術部門就可以直接使用，而其他部門也可以快速發揮協作和支援作用。以生成式 AI 輔助企業中臺，可以進一步提升各部門的協作效率。比如將大型模型植入技術或資料中臺，方便各部門的資源取用，並能更好地跟進進度、生成回饋等。

生成式 AI 助力企業抓住發展新機遇

生成式 AI 時代，對於網路企業來說，是前所未有的機遇。除了協助業務流程的改造和組織結構的升級外，網路企業還可以擴寬業務範圍，尋找新的突破點，即以原本的業務體系為依託，納入生成式 AI 或相關業務。而對於一些在行動網路時代轉型困難或發展滯後的企業來說，生成式 AI 或許也是一次新機遇。微軟就是典型的例子。

案例：生成式 AI 助力微軟重新起航

微軟作為崛起於九十年代的大型企業，以 Windows 系統和 Office 辦公軟體系統成為產業的絕對主宰者，其創始人比爾蓋茲（Bill Gates）也常年位居世界首富。然而，隨著市場的變化、產品的成熟及消費者喜好的變化，微軟的業務也開始面臨挑戰。

隨著行動網路時代到來，搭載 Windows 系統的 Windows phone 並未成為智慧型手機產業的領軍者，而 iOS 和安卓幾乎占

據了所有智慧型手機市場,極大地衝擊了 Windows 系統在智慧型手機市場的地位。而智慧型手機的崛起也影響到 PC 的銷量,在此之前 PC 是微軟的重要戰場。從 2007 年開始,在多種要素的衝擊下,微軟面臨市值下滑、業務發展緩慢等難題。

新的 CEO 薩蒂亞・納德拉(Satya Nadella)在 2014 年上任,當時他看到了關鍵問題所在,於是提出了「行動優先,雲端優先」的發展策略。納德拉在他的自傳《刷新未來:重新想像 AI+HI 智能革命下的商業與變革》(*Hit Refresh: The Quest to Rediscover Microsoft's Soul and Imagine a Better Future for Everyone*)一書中,將自己的願景描述為「重新發現微軟的靈魂」,他提出加強溝通、重新建立合作夥伴關係、執行自上而下的企業文化變革、發展雲端業務、堅守價值觀等理念。他設定的三大策略規劃包括:

- 圍繞智慧雲平臺,加強基礎設施建設,在世界不同地方修建資料中心。
- 以合作、行動、智慧和信任四大原則,重塑生產力和業務流程,設計智慧架構。
- 提供個人化的運算、跨設備的服務。

納德拉主張文化改革,希望公司變得更加開放,他與蘋果和 Google 合作,讓 Office 辦公軟體先後在 iOS 和安卓系統上線。2014 年微軟收購了瑞典遊戲開發商 Mojang,將熱門遊戲《當個創世神》(*Minecraft*)納入麾下,並將該遊戲結合 Facebook 推出

的虛擬實境設備 Oculus Rift。微軟還與紅帽（Red Hat）合作，讓後者的客戶能夠透過微軟的 Azure 雲端服務來擴展業務。他的這些舉措，打破了競爭與合作的隔閡，因為很多合作方的部分業務與微軟存在競爭關係，但是納德拉認為，競爭不是零和賽局，雙方可以共同努力去創造機會。

同時，納德拉還採取了一系列措施來為企業降本增效。2016 年微軟將 Nokia 業務以 3.5 億美元出售給富士康子公司富智康（FIH Mobile）和芬蘭公司 HMD Global，同年以 262 億美元收購了領英。2018 年以 75 億美元收購了全球最大的軟體原始碼託管平臺 Github，這一年微軟的市值超過 8,000 億美元。

在納德拉的領導下，微軟砍掉了手機等非關鍵業務，將重心放在 Azure 等雲端業務上，並且積極投身人工智慧領域。2018 年微軟收購了人工智慧新創企業企業 Bonsai，2019 年微軟就對 OpenAI 投資了 10 億美元，並在 2021 年再次投資。ChatGPT 紅遍全球後，微軟宣布將會讓 ChatGPT 接入 Bing 搜尋，透過生成式 AI 提升搜尋業務能力，此舉也被外界認為是挑戰 Google 的搜尋業務。

從微軟的發展歷程可以看出，大型企業發展到瓶頸期時，會面臨「船大難調頭」的問題，而企業的策略轉型可以從文化和技術兩方面著手。納德拉對微軟從內部進行文化和組織上的改造，強化了對外合作關係，在技術上大力押注在雲端服務和人工智慧，透過創新業務找到了新的突破口。

任何企業都會面臨某個業務飽和或新技術衝擊的問題，關

鍵的破局之道是以堅定的信念找到新領域的突破口。未來已至，生成式 AI 或許能為更多企業提供轉型的業務方向，微軟不是可以複製的案例，但他們的轉型思烤方式值得很多企業學習參考。

第七章

生成式 AI 在關鍵產業的融合發展

生成式 AI + 教育

在所有產業中,教育是最具有特殊意義的一個。教育是將知識和認知方法傳遞給下一代人的過程,它既可以是人類文明傳承的遠大話題,也可以是家庭育兒的具體實踐。教育的方法既受到社會發展的約束,也能推動社會的發展。以往我們認為的教育是在校園裡,老師將已有的知識和技能傳遞給學生,學生能夠掌握知識、通過考試,進入下一階段的學習。

而隨著科技發展及社會變遷,教育產業整體進入轉型期,市場需求新趨勢更加明顯:傳統的「課內學習 + 課外補習」的模式已不再具有普遍性,個人化、精準化的高品質教育成為核心;體育、藝術、程式設計等新型素養教育受到市場關注;教育產業的發展模式由以往的資本推動,向品質、服務導向轉變。

目前,網路課程中存在著一些問題:

- 網路課程缺乏感官體驗,師生之間缺少互動。

- 課程品質缺少客觀的標準化的研發設計體系、課後評估體系等。
- 線上課程品質的權威性有待提升，預錄的課程難以及時更新和調整。
- 線上課程或培訓相關證書常常被認為權威性不足。
- 課後學生作業情況難以跟進，學生通常自主上傳作業，由老師批閱，中間涉及溝通環節影響教學效率。
- 市場上的網路課程及服務無統一評價標準，資源分散，且定價標準不透明。

這些問題不僅影響了學習體驗，而且阻礙了教育品質的進一步提升。在數位化時代，市場需要的不是將課程內容搬到網路上的「線上教育」、「線上課程」，而是更加智慧化、數位化的智慧化教育。前者只是將網路作為工具和平臺，提升教育手段與形式，而智慧化教育應當是以網路和生成式 AI 為基礎，將教育平臺和工具進一步升級的同時，智慧化生成與管理教學內容、教學回饋及全流程評估，進而提升教育品質。

「生成式 AI+ 教育」是在原有網路平臺基礎上對教育核心的深度改造，將以「教師為中心」向「以學生為中心」轉變，加深雙方的溝通、暢通個人化的教育流程。同時，透過技術方法降低教師負擔，比如 AI 生成教案、製作 PPT、輔助批改試卷等。目前「生成式 AI+ 教育」實行的主要方式，是將生成式 AI 嵌入

到實際情境中，一般是與技術公司合作或者直接加入現有大型模型。

案例：Duolinguo+GPT-4

多鄰國（Duolinguo）是全球知名的語言學習網站及應用程式，它以豐富有趣的線上學習形式著稱，包括聽寫、文字遊戲等，包含了40種不同語言，廣受外語愛好者的歡迎。2023年3月Duolinguo宣布將導入GPT-4，並在以往的收費服務Super Duolingo上，推出了新的服務Duolinguo Max。

圖 7.1　Duolinguo 官網功能展示

透過生成式AI，Duolinguo提供了更加精準和個人化的服務。比如對學習者不明白的語言點，AI提供的「解釋我的答案」（Explain My Answer）功能能夠給出更加詳細的解釋，幫助學習

者獲得更詳盡的解釋。而且學習者還能輸入回饋,獲得更多的解釋。在這個系統裡,學習者還能與 AI 進行角色扮演式互動,透過更多語言場景,幫助學習者獲得更多層次的學習體驗。

雖然這部分服務暫時只在部分國家推出,但是多鄰國的這次創新非常有意義:首先,多鄰國證明了生成式 AI 與語言學習的情境能夠完美結合,AI 在學習場景中扮演的「教師」或「輔導員」的角色,能夠替代一部分人類教師的職能,而且更具有針對性;其次,多鄰國的商業付費模式為產品的可持續發展奠定了基礎,雖然目前尚未知悉該生成式 AI 帶來的具體盈利情況,但是在一開始就明確商業模式,能夠幫助產品不斷改進,並根據市場反應調整商業策略,至少目前來看是健康的發展方式。

「生成式 AI+ 教育」未來具備良好的發展前景和市場,主要的發展路線包括(見表 7.1):

表 7.1　生成式 AI 在教育領域中的應用情境

應用情境	產品、服務或應用情境
生成式 AI+ 硬體	智慧學習機、平板、電子白板等
生成式 AI+ 智慧解決方案	對現有線上教育進行智慧化升級;
	傳統義務教育軟體升級;
	進修教育、終身學習的創新發展;
	青少年素養教育的應用情境;
	教育諮詢、教育方案設計;
	教師技能培訓與終身學習

第七章　生成式 AI 在關鍵產業的融合發展

目前，生成式 AI 在教育產業中基本上發揮著工具或平臺的作用，未來當應用情境更加豐富、多元，商業模式能夠順暢後，教育產業將發生根本性的改變。傳統教師的「傳道授業解惑」之「授業」，不僅僅包括知識本身，還包括利用 AI 探索世界、掌握知識的過程，更包括在新的技術背景下，培育學生的能力和價值觀。因此，生成式 AI 帶來的改變將從裡到外，由淺到深，在長時期內潛移默化地發揮著作用。

生成式 AI + 醫療

在教育之外，醫療是另外一項極具社會特殊性質的產業。首先，醫療服務是社會大眾的必要需求，具有完全不可替代性；其次，醫療產業專業化程度高、技術門檻顯著，產品研發週期長、投入高，醫護人員和研發人員的培養週期長、知識技能要求高；最後，醫療還涉及各種民生福利等問題，不僅涉及社會治理問題，還與風俗習慣、社會道德理念等諸多觀念要素息息相關。因此，醫療領域的數位化發展是一項艱鉅且長期的任務。

生成式 AI 在醫療領域能夠發揮不同層面的作用：

- 患者分析：可以基於患者的基本醫療資訊、就診紀錄、臨床資訊、過往病史等內容，結合醫療資料技術，生成標籤化、個人化、精確化的個人健康模型。對於醫生而言，他

們可以根據常規的標籤快速了解患者情況,如果是疑難雜症,可以快速判斷,請患者進一步檢查。

- 體檢報告:利用生成式 AI 協助醫生進行常規體檢報告的撰寫,將人工智慧 API 與醫療設備相結合,在患者體檢完之後自動生成體檢報告。

- 智慧問診:患者可在軟體中進行症狀描述或者進行語音輸入,由人工智慧辨識並根據模型診斷相關症狀,給出診療方案、日常用藥等。智慧問診的範圍既可以是疾病的預防、治療,也可以包括醫療資源的相關資訊等。目前,部分公司已經開通了智慧問診服務。

- 特殊族群的治療:透過多樣態模型,將文字合成語音幫助失聲人士重新發聲。

- 醫療輔助服務:將醫療服務同養老及康養需求相結合,支援提供客戶服務、解決方案、市場行銷等方面的內容生成。

「生成式 AI+ 醫療」具有廣闊的市場前景,尤其是以人工智慧、大數據、雲端運算、區塊鏈、物聯網等技術為核心的數位醫療領域,這是由市場需求和產業特徵共同決定的。根據調查,醫療相關的投資規模在近年來逐年成長。同時,2020 年全球新冠疫情和許多國家的高齡化的發展趨勢,對醫療療養需求、社會大眾健康認知和理念均造成了一定影響。因此,醫療產業是一個規模大、需求高的技術密集型產業,也是受到投資者高度重視的產業。

第七章　生成式 AI 在關鍵產業的融合發展

從商業模式上來看，數位醫療已經具備了豐富的應用情境和明確的盈利模式。首先，目標受眾呈現出多元化發展的趨勢，除了以公立醫院、私立醫院為主體的醫療機構外，還包括養老院和商業健康照護機構、醫療美容服務機構、月子中心、健檢中心等。不同機構包括不同的功能定位、目標客戶和發展方向，因此對硬軟體技術和數位化解決方案的需求不同。其次，數位醫療已經在具體應用情境中得到了實踐，比如醫療電商、線上診療、醫療資料平臺、智慧病歷、人工智慧影像、個人健康管理等。

從投資或創業的角度來說，「生成式 AI+ 醫療」要面對的主要問題是法規和執照。在執照方面，不僅需要依據現有法律法規和行政檔案，還需要對技術的安全性、合理性、公正性和精準性進行全面的評估和論證。

生成式 AI+ 金融

金融產業是一項綜合性的產業，既具備服務產業的屬性，需要面對社會大眾塑造品牌、提供服務，又具備技術產業的屬性，需要建置資訊系統、設計和開發產品、處理後臺資訊等，還具有一定的敏感性，因為金融安全影響到經濟發展的資金暢通以及大眾的民生福祉。因此，金融產業的縱深發展需要多領域協作，生成式 AI 在其中有很多發揮作用的應用情境。

以普通的銀行為例，銀行工作一般分為前端、終端和後端。前端主要直接接觸客戶，提供銷售推廣、諮詢溝通和一般客戶服務；中端主要是為前臺工作提供支援和管理，包括產品設計與研發、風險管理（比如信貸資格審核）、財務管理、管道管理和人力資源管理等；後端則是企業基礎服務，包括 IT 和網路營運維護、資料處理、清算作業部門、信用卡與金融卡中心、客服中心、備援部門等。隨著金融科技的興起，銀行開始快速數位轉型升級，其中很多業務都可以利用人工智慧來進行。比如銀行的人工智慧語音客服，可以在電話中讓客戶透過按鍵的方式，幫助解決部分常見問題，線上客服透過預先設定的關鍵字，幫助客戶自行選擇諮詢的問題，從而解決了電話打不通、等待時間長等問題。人工智慧客服是 AI 在金融領域相對成熟的應用情境，已經被大眾廣泛接受。

然而，人工智慧在銀行中的應用情境遠不止於此，以生成式 AI 來說，內容生成能夠提升智慧客服的使用者體驗，除了處理更多、更複雜的業務情境外，還能讓使用者感覺到有溫度的服務。生成式 AI 目前使用的主要方式包括：一是與既有人工智慧技術相結合，作為技術體系中的一個模組；二是利用目前已經相對成熟的文字生成技術，同專業性的業務相結合。採用生成式 AI 的主要金融機構包括銀行、券商、保險公司、信託公司、基金公司、金融服務及相關技術公司。

生成式 AI 技術目前在金融產業中的應用情境仍然有待進一

步提升,未來除了模型的不斷訓練提升之外,生成式 AI 需要針對金融的產業特徵進行最佳化,充分發揮其高效率、低成本、低延時、易翻新的優勢,滿足金融產業使用者量大、資料量大和情境豐富的需求。針對金融產業的安全問題,生成式 AI 未來的發展方向和應用領域還可以進一步延伸至反洗錢、反詐欺、異常交易檢測及報告、金融資料安全保護等方面,提升金融產業的安全性。

生成式 AI+ 工業

「智慧製造」和工業 4.0 一直是近年來人們熱議的話題,因為工業的進步和發展貫穿了整個人類歷史,大到人類文明的進步,小到日常生活的便利,都與工業化程度息息相關。在智慧化時代,我們思考的是如何用機器人替代更多自然人類勞動,如何用智慧設備或軟體幫助人們進一步管理工廠。

生成式 AI 在工業應用中能夠幫助提升產業價值和工作效率,主要透過兩種方式:一是透過內容輸出減少人的重複性勞動。比如與電腦輔助設計 CAD(Computer Aided Design)相結合,自動生成工業設計的內容,極大降低人的勞動量;透過衍生設計,為工作人員提供靈感和幫助。二是與現有技術或硬體相結合,減少中間環節,擴展技術深度。比如,數位孿生技術是一種將物理實體投射到虛擬世界中的技術,透過建模,人

們可以完成設計工作,從而減少在現實中做實驗帶來的巨大成本。以數位孿生為基礎的設計工作往往用於飛機、汽車、重型機械類的初期設計,而這個過程中需要大量的建模。生成式 AI 能夠與數位孿生技術融合,縮短中間的建模環節,透過影像辨識等技術將實體物體快速轉化為影像資訊。

　　創新奇智證明了「工業＋生成式 AI」的產業價值,為相關的生成式 AI 產品提供了一個範例。但是工業的特殊屬性,決定了生成式 AI 的開發和應用仍然面臨一些難點。首先,工業領域的生成式 AI 需要以提前訓練大型模型為依託,以工業實踐中的龐大資料為素材,不斷地升級更新。這些資料來源不僅需要通用資料,還需要更多個別市場具體企業的真實資料,但在生成式 AI 技術完善之前,企業並不能完全信任 AI,也不一定願意提供真實資料,或是更願意在客戶端部署資料,而不是放在雲端上,這就產生了一個矛盾。因此,只有建立起工業企業的服務業務,並在此不斷累積資料,才能解決大型模型訓練的資料量問題。其次,工業生產流程長、步驟多、涉及大量細節,具體的功能也離不開小型模型。就像海軍不僅需要大型航空母艦,還需要航空母艦上搭載許多小型戰鬥機,當航母出海的時候,小型戰鬥機就噴射起飛執行任務。因此,在工業領域,生成式 AI 需要大小型模型合作發展。

生成式 AI + 傳播媒體

相較於教育、醫療、金融和工業，傳播媒體與娛樂產業對生成式 AI 應用門檻最低，並且已經有相對成熟的實踐案例。傳統的媒體主要以文字、影像、影片、音頻為內容載體，傳播管道包括報紙、雜誌、電視、廣播以及網路時代的網頁、手機新聞 App、各類影音平臺。生成式 AI 在其中發揮的作用類似於一種更加先進的工具，已經有不少知名媒體在實際業務中使用生成式 AI。

傳統產業升級案例：新聞業

英國 BBC

Juicer（榨汁機）是英國媒體 BBC 使用的人工智慧 API，能夠對 BBC 和其他媒體上的新聞內容進行擷取和標記，並將其分成不同類型：人、地點、組織和其他。透過 Juicer，BBC 的記者們可以像使用榨汁機一樣取得更多的資訊。比如，當他們需要去了解一家企業的時候，可以透過 Juicer 去蒐集、整理該公司相關的背景資料、人員資訊、一些具體的事件等，從而幫助記者們做好背景調查工作。

不僅如此，BBC 新聞實驗室還啟動了另一個人工智慧計畫「SUMMA」，旨在利用自然語言處理，分析不同語言的媒體內容，以協助新聞工作者減少人工篩選媒體的重複性工作。除此

之外，他們還希望該專案中能夠加入文字以外的處理能力，比如語音轉文字。

但目前在技術上仍然有難度。首先，圖片的處理要比文字的處理更加困難，目前 AI 還無法做到完全準確地區分具有相似要素的圖片；其次，不同於文字和音頻的線性結構，圖片是非線性的，AI 無法利用簡單標註的方式整理資訊。另外，AI 處理深度資訊的能力仍然不足，比如區分哪些資訊更加重要或緊急。AI 在對影像的理解方面，就像理解文字一樣，只能理解「字面意思」而無法抓住隱喻的鏡頭語言。

美國聯合通訊社

美聯社在生成式 AI 工具方面進行了較長時間的耕耘。早在 2014 年，美聯社就和 Automated Insights 公司，採用自動化寫稿程式 Wordsmith，嘗試用 AI 撰寫新聞稿，主要內容是上市公司的財務報告。在使用 Wordsmith 之前，美聯社的記者們每季度能夠提供 300 篇左右的稿件，而人工智慧將這個數字提升到了 3,700 篇。

除此之外，美聯社採用了生成式 AI 文字轉化影片應用 Wibbitz 來根據文字生成影片。Wibbitz 的工作原理是先對使用者輸入的文字進行處理，形成一個影片指令碼，再將素材組合在一起，形成短影片。

第七章　生成式 AI 在關鍵產業的融合發展

美國《紐約時報》

2015 年起，美國《紐約時報》(*The New York Times*) 採用了一個叫做「編輯」(Editor) 的 AI，類似於 BBC 的 Juicer，Editor 也可以用來標註關鍵字、標題或主題，透過從原始文章中擷取資訊作為「材料」，並重新組合搭配，形成新的文章，幫助新聞工作者結構化搜尋和整理。除此之外，《紐約時報》還採用了人工智慧 Perspective API 來管理新聞的留言區。

其他媒體

在 2016 年里約奧運期間，《華盛頓郵報》(*The Washington Post*) 使用了 Heliograf 進行新聞採寫，它透過大量的資料分析，將資訊與事先設定好的新聞模板進行配對，來撰寫結構化的新聞稿。

媒體 AI 詩歌創作

幾年前微軟曾經舉辦了由 AI 撰寫的詩集的發表會，還在報紙上開設了專欄並發表詩歌。該模型使用數百位現代詩人的作品進行了長時間的訓練，形成了情感性文字的創作能力。不過對於生成式 AI 生成文學性作品事件，也引發了一定爭議，不少人認為 AI 本質上仍是機器人，不具有人類的情感溫度，作品是沒有靈魂的；也有人認為 AI 是透過語言文字的挖掘處理能力來寫詩，和人類的創作有本質上的區別，不能簡單地將二者進行「好或者不好」的對比。

生成式 AI+ 泛娛樂產業

泛娛樂產業是傳統文化娛樂產業的延伸和發展，既包括傳統的影視、音樂、演出，又包括經由網路發展出來的網路影視、影片、直播、網路文學、遊戲等細項領域。泛娛樂產業產業圍繞核心業務及關鍵 IP，還能衍生出周邊產品、行銷、文創等特定產業。泛娛樂產業產業的產業構成和特質與生成式 AI 具有天然的結合點，其內容生產、發布和消費三大環節均涉及內容生成。內容生產環節的企劃、製作、開發，發布環節的行銷以及消費環節的消費者服務等，生成式 AI 都能與之融合，加快內容生成。

以網路文學為例，以 ChatGPT 為代表的各類大型模型紛紛亮相，證明了起碼在文字生成方面生成式 AI 已經朝產業化邁進。從實作的角度來看，有網路文學作者嘗試使用 ChatGPT，發現如果能熟練掌握輸入指令，並學會如何對生成的結果進行修改，可以將以往章節的寫作時間縮短至少 1/3。有讀者認為，ChatGPT 生成的故事美感不足，讀起來較為生硬，故事情節的走向很倉促，「人工痕跡」比較明顯，尚不足以與一般的網路文學媲美甚至將其取代。因此，如果作者或讀者對作品的文筆、行文邏輯和文學性有要求，目前人工智慧還達不到足夠的高度。未來生成式 AI 是否能對網路文學產生更深遠的衝擊，取決於技術的進步和實際應用的情況。

而從產業價值的角度來看,已經有與網路文學相關的公司與技術公司合作,開始探索生成式 AI 的商業模式。

另一個與生成式 AI 關聯度高的產業是遊戲業,這裡的遊戲指的是狹義的客戶端遊戲軟體,不包括硬體。生成式 AI 可以應用於遊戲製作整個環節。見表 7.2。

表 7.2　生成式 AI 應用於遊戲製作各個環節

遊戲開發的步驟	生成式 AI 的功能
遊戲企劃	分析使用者需求及喜好,生成精確的企劃案,幫助遊戲精準定位,並為後續內容開發打好基礎
程式編寫	自動生成部分程式碼,幫助工程師檢查程式碼並修正錯誤(bug),支援不同程式語言的轉換
音頻音效	生成背景音樂、音效、角色語音
美術設計	幫助設計師確定畫風,生成圖像素材,依據提前設定的風格與需求,自動生成相關畫面
角色製作	生成角色設定,包括性格、年齡、性別、外表、成長教育經歷、價值觀等;透過 AIGC 圖像生成技術,創造角色外觀形象
3D 建模	完成遊戲中涉及的 3D 建模的部分,協助設計師持續完善
CG 動畫	生成遊戲中的 CG 動畫

生成式 AI 幫助使用者提升遊戲體驗。比如讓 NPC 對話更加豐富、故事劇情有更多分支和選擇、網路遊戲中加強反作弊及 AI 託管功能、強化不同語言的翻譯準確性。比如,以往遊戲

中的人物對話，有時是固定的選項，有時是事先設定的關鍵字觸發，回答是固定的模式。而生成式 AI 能夠讓人物對話產生更豐富的內容，玩家可以擁有更高的自由度，讓玩家與 NPC 能夠真正達成深度互動，提升玩家的投入感。目前已有熱門遊戲將為遊戲中的 NPC 植入人工智慧技術，為玩家帶來上述開放式的對話和互動。

生成式 AI 還可以在電競賽事中發揮重要作用。在賽事分析方面，生成式 AI 可以生成陣容分析、賽後資料分析和賽事重播；在電競解說方面，生成式 AI 可以根據資料模型，生成不同的解說文案，如果結合語音生成，能形成智慧解說；在賽事重播方面，生成式 AI 可以自動辨識和分析影片內容，按照指令剪輯成合適的內容。

第八章

AI 基礎設施的演進與突破

　　前面,我們已經深入探討過生成式 AI 的技術體系及每個部分的硬軟體需求。隨著生成式 AI 的產業融合發展,市場對這些基礎產業的需求也在不斷提升。生成式 AI 的基礎產業體系由一條完善的產業鏈組成,產業鏈上游是伺服器、網路設備等硬體設施,中上游是資料中心等物理空間,中游包括雲端運算服務,下游是具體的 IT 服務,而生成式 AI 是在這個體系之上,透過大型模型形成的技術應用。見圖 8.1。

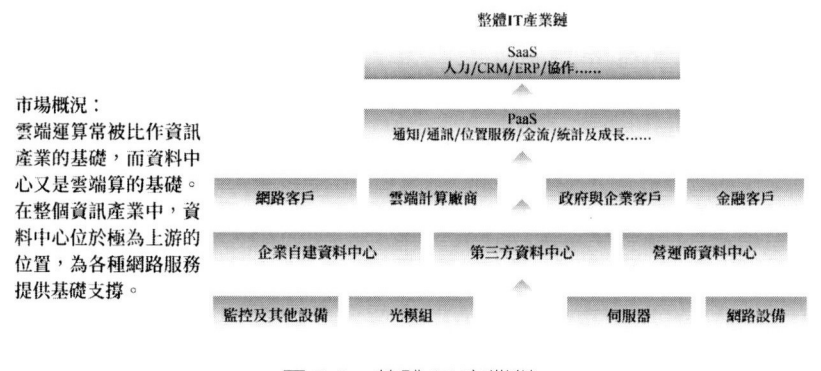

市場概況:
雲端運算常被比作資訊產業的基礎,而資料中心又是雲端算的基礎。在整個資訊產業中,資料中心位於極為上游的位置,為各種網路服務提供基礎支撐。

圖 8.1　整體 IT 產業鏈

生成式 AI 發展硬體：晶片和伺服器

萬事起頭難 —— AI 晶片企業發展的困境

在國際市場上，根據加拿大的領先市場研究機構 Precedence Research 的資料數據，2022 年全球人工智慧晶片市場規模預估為 168.6 億美元，預計到 2032 年將達到 2,274.8 億美元左右，2023 年至 2032 年的年複合成長率為 29.72%。從不同的層面來看：

- 地理層面：北美地區在人工智慧晶片市場上占據明顯的主導地位。
- 技術層面：機器學習領域是人工智慧晶片的主要應用情境。
- 晶片類型：CPU 占據重要地位。
- 晶片用途：用作邊緣處理的部分在 2022 年占據 75% 以上的收入份額。
- 使用者劃分：銀行、金融服務及保險（Banking，Financial Services and Insurance，BFSI）占據重要的市場占有率，預計在未來的十年中將保持長期成長。

目前有許多企業投入晶片研發，但至今未能實現盈利。眾所周知，AI 晶片是一項技術門檻高、研發週期長、資金投入大的產業，晶片設計完成後，需要進行試產（Tape-out），這個步驟一旦失敗，甚至可能直接拖垮整個公司。

第八章　AI 基礎設施的演進與突破

　　試產是晶片從設計到正式生產及上市的中間一個環節。晶片設計公司將方案交給製造商，由製造商實際生產一部分樣品，檢測晶片是否可用，或者根據結果進行改良。如果檢測通過，那麼該種晶片就可以大規模生產了。步驟雖然很簡單，但這個過程卻非常昂貴，14 奈米工藝晶片，試產一次需要 300 萬美元左右，7 奈米工藝晶片，試產一次需要 3,000 萬美元，5 奈米工藝晶片，試產一次要超過 4,000 萬美元。而且，試產一般需要 3 個月左右的時間，從原料準備、微影製程、摻雜（Doping）、電鍍到封裝測試，要經過 100 多道工序。因此，如果試產失敗，企業需要承擔鉅額的經濟和時間成本損失。如果試產通過，企業只是邁出了「萬里長征第一步」，在實際生產中，仍然可能遇到各種晶片的品質問題。

　　除了試產問題，AI 晶片企業還面臨著一些實際問題，比如：一些企業不熟悉下游硬體端的需求，生產出來的晶片賣不出去；晶片設計團隊與軟體團隊脫節，設計晶片只考慮硬體問題，而沒有顧及軟體使用的問題；研發流程缺乏有效的管理，效率低下，導致產品剛研發好就被市場淘汰；不少 AI 晶片企業對大客戶的依賴度較高，無法形成有效的護城河，單個客戶的變化很容易影響到企業的經營情況。另外，越來越多的大型企業自己下場，不僅參與 AI 晶片的研發，同時將晶片與自身模型相結合，並與自家產品形成一條龍的生態，這將使得中小型 AI 晶片企業面臨激烈的競爭。

伺服器：晶片之外的大腦皮層

如果說 AI 晶片是人工智慧大腦的神經元的話，那麼組成人工智慧大腦還需要大腦皮層將內部結構包覆起來，形成完整的大腦。對於 AI 來說，包覆晶片的大腦皮層就是 AI 伺服器。AI 伺服器是專門為人工智慧打造的伺服器，通常採用由多個 GPU 組成的集群，可以並行處理大規模的運算任務，加速深度學習、機器學習等人工智慧模型的訓練和推理。AI 伺服器還常常配備大容量記憶體和高速記憶體，以支持龐大資料的處理和儲存。按照不同的應用，AI 伺服器有不同的類型（見表 8.1）：

- 按應用情境：訓練 AI 伺服器和推理 AI 伺服器。
- 按晶片類型分：CPU+GPU、CPU+FPGA、CPU+ASIC 等組合，目前主流為 CPU+GPU，占比超過 90%。

表 8.1　AI 伺服器的不同類型

類型	介紹	優勢	流程
通用伺服器	提供計算服務的硬體設備，位置相對固定	2019	PC 單機
商湯科技	將規模化的基礎伺服器透過集約化、虛擬化來建構雲端資源庫，並從資源庫中調配訓練資源建構而成	支援資源的彈性調配，具備擴展性與靈活性，採用分散式儲存	雲端架構

類型	介紹	優勢	流程
邊緣伺服器	直接在終端設備附近的閘道器處理資料,再上傳至雲端應用程式、資料和運算能力更接近使用者	減少網路傳輸資源的消耗,滿足即時性需求,解決安全與隱患問題	加入邊緣層
AI伺服器	採用異構架構,透過加入GPU採用平行運算模式,解決CPU提供算力時能力不足的問題,可應用於處理密集型運算	採用GPU平行運算,提高算力	GPU增強平行計算能力

資料來源:浙商證券研究報告。

AI伺服器與普通伺服器在記憶體、儲存和網路方面無差別,但AI伺服器會採用異構形式,根據不同應用情境採用不同的組合,大幅增強運算能力。

在生成式AI快速發展的趨勢之下,算力需求主要表現在兩個方面:一是算力總規模的變化,比如GPT-4模型的參數能達到1.5兆個,算力需求為31,271 PFlop/s-day;二是算力資源分配結構將改良,根據IDC預測,目前AI伺服器訓練需求占比41.5%,推理需求占比58.5%,而到2025年訓練需求將下降至39.2%,推理需求上升至60.5%,即更多算力資源將用於模型的推理。見表8.2。

表 8.2　廠商布局的大型模型

參數量與算力需求成正比關係（以 GPT 為例）			廠商布局的大型模型			
模型名稱	參數量	算力需求	廠商	模型名稱	參數量	算力需求
GPT-3 Small	1.25 億個	2.6 PFlop/s-day	Google	LaMDA	1,370 億個	2,850 PFlop/s-day
				PaLM-E	5,420 億個	11,690 PFlop/s-day
GPT-3 175B	1,746 億個	3,640 PFlop/s-day	Hugging Face	Bloom	1,750 億個	3,640 PFlop/s-day
GPT-4	最高 15,000 億個	最高 31,271 PFlop/s-day	百度	ERNIE 3.0Titan	2,600 億個	5,408 PFlop/s-day
			阿里	M6-OFA	100,000 億個	208,000 PFlop/s-day
			華為雲	盤古 NLP	2,000 億個	4,160 PFlop/s-day
			騰訊	混元 AI	>1,000 億個	>2,080 PFlop/s-day

資料來源：浙商證券研究報告。

注：參數量與算力需求量成正比

第八章　AI基礎設施的演進與突破

而從市場規模上看，IDC 曾預測，2023 年全球 AI 伺服器市場規模為 211 億美元，預計 2025 年達到 317.9 億美元。

案例：輝達和DGX伺服器

在 ChatGPT 釋出之後，輝達被認為是全球企業中的「大贏家」。從伺服器產品到創始人黃仁勳個人都備受矚目。

2023 年 3 月 21 日在 GTC 開發者大會上，60 歲的黃仁勳介紹了輝達的最新動作，包括：

- 搭載 8 個 A100 GPU 層的 AI 超算雲端服務 DGX Cloud。
- 每個月花費 3.7 萬美元在網路上訓練 ChatGPT。
- GPU HGX A100 是目前雲上唯一處理 ChatGPT 的，運算效率比前一代提升超 10 倍。
- 晶片運算式微影函式庫 cuLitho，將 ASML 微影運算速度提升了 40 倍。
- 輝達釋出了首個 GPU 加速的量子運算系統 Quantum Machines。
- 與比亞迪開展汽車解決方案方面的合作。
- 與亞馬遜在 AWS 模型訓練和 AI 應用方面展開合作。

這一切都讓輝達看起來是明星企業中的明星。實際上，2023 年輝達的股價上漲了 77％，但 2022 年其收入成長率為 0.22％，收益成長率為 -54％，處於營收增速下滑的狀況。但為何資本市場卻如此看好輝達呢？

161

因為它在伺服器市場上具有明顯的產品優勢。據 Similarweb 數據推估，ChatGPT 大概需 602 臺 DGX A100 伺服器才能承受目前的使用量。DGX A100 伺服器是以 NVIDIA A100 Tensor Core GPU 為核心搭建的、適用於 AI 的通用型系統，能夠將訓練、推理和分析放在一個 AI 基礎架構中，具有簡單、已部署的特點。針對 AI 業務需求，輝達還對伺服器進行了改善，改善後的 NVIDIA DGX H100 AI 搭載了 8 個 H100 GPU 模組，可提供 32 PetaFLOPS 的算力，目前已經量產。

在硬體的基礎上，輝達形成了更加全面的發展策略：晶片出售、伺服器租賃、雲端服務。其中，輝達的雲端服務 NVIDIA DGX™ Cloud 是針對企業具體需求進行調整的多節點 AI 訓練及服務解決方案，服務方案中包括了 NVIDIA AI 軟體。透過基礎算力（晶片和伺服器）、演算法軟體和雲端運算，輝達也朝向 AI 基礎設施邁進。

在生成式 AI 的帶動下，AI 伺服器產業呈現出一些新的特點：

- 新需求快速成長。隨著 AI 時代的到來，雲端運算產業對伺服器的需求快速上漲，同時客製化成為新的需求。
- AI 伺服器領域毛利率高，上下游需求結構相對分散，未來仍然有充足的發展空間。技術和核心服務能力將成為相關公司脫穎而出的關鍵。

算力基建：資料中心

　　隨著網路時代的到來，資料已成為生產資料，資料中心的基礎設施屬性日益顯著，成為各類數位化產業的「剛性需求」。早在 1940 年資料中心就已經出現，但當時僅作為管理電腦設備的物理空間使用。隨著網路的興起，資料中心的定位逐步清晰。1990 年代，資料中心的主要功能仍然是為客戶提供主機託管服務，包括場地、電力、網路頻寬和通信設施等基礎設備，而營運維護工作則多由電信業者提供。1995 － 2004 年，資料中心除了主機託管外，還增加了網站託管的業務，包括資料儲存、網路安全管理等。2005 年之後，資料中心逐步轉型升級，朝大型化、虛擬化、綜合化方向發展，雲端運算的發展讓部分資料處理業務與物理實體脫離。這個階段的資料中心能夠按照客戶需求提供更精準的服務，同時還將能耗、成本等更多因素考慮進去。

　　資料中心的建設和營運是一項大型工程，其產業鏈涉及的參與者眾多，從水電網路基礎設施到伺服器設備供應商等，從建築設計到工程施作、內外裝修，再到後期啟用後的營運維護等等，囊括了電腦通訊產業、建築業、機械製造業、物流等多個產業，是資金密集型和技術密集型產業。

　　一般來說，資料中心的營運有兩類。一類是傳統的通訊營運商，它們在通訊產業基礎扎實、資金充裕、通訊資源強、市

場覆蓋面廣,能夠深入各個地區,在運作及維護上具有天然的優勢。另一類則是相對市場化的第三方營運商,它們具備豐富的運維經驗和技術,專業性強,能夠為客戶提供更加靈活和便利的服務。但傳統營運商和第三方機構並不完全是競爭關係,雙方可以在頻寬資源上形成互補型的合作。

根據研究資料顯示,2021 年全球資料中心市場規模超過 679 億美元,成長率為 9.8%。預計 2022 年市場收入將達到 746 億美元,成長幅度總體保持平穩。見圖 8.2。

資料中心市場展現出規模大、高速成長等特點,資料中心形態也朝多元化方向發展,比如雲端運算中心、智慧運算中心、邊緣運算中心等更專業化的資料中心不斷湧現。人工智慧計算中心是以 AI 新型計算能力為基礎打造的資料中心,以基於人工智慧晶片建構的人工智慧電腦集群為基礎,主要應用於人工智慧深度學習模型開發、模型訓練和模型推理等情境,提供從基礎晶片算力到高階應用的全部能力。以智慧運算中心為基礎,AI 不僅能實現大型模型的不斷進化、基礎能力的不斷提升,而且能與應用情境相結合,實現新業務的實際應用。

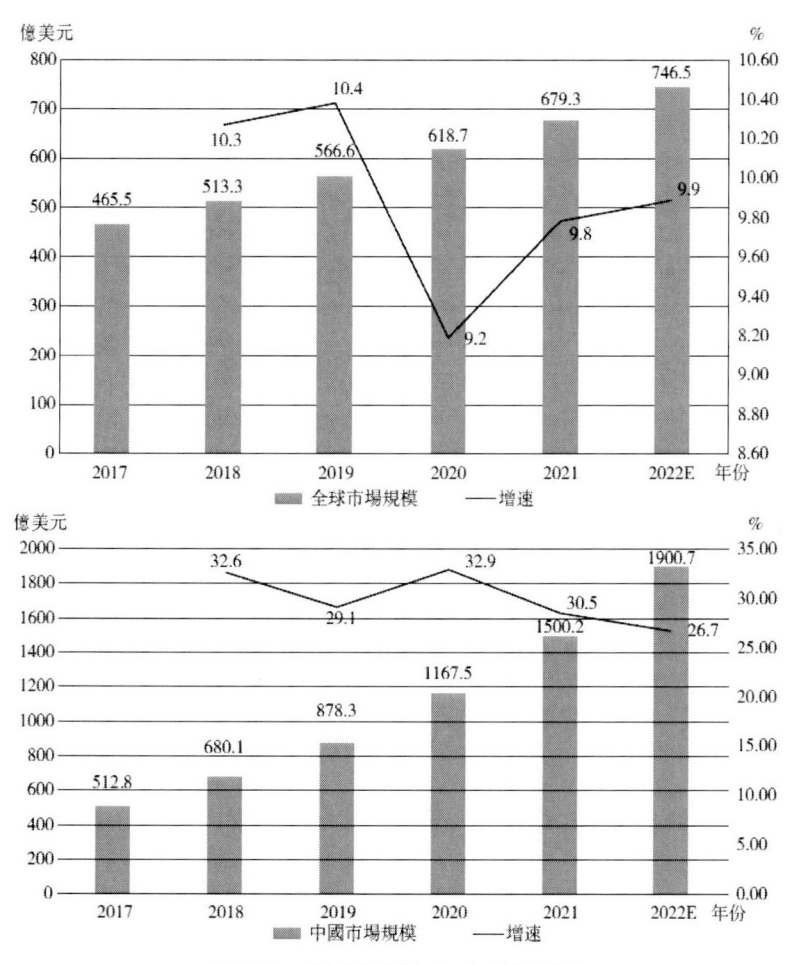

第八章 AI 基礎設施的演進與突破

圖 8.2 全球資料中心市場規模和

資料來源：中國信總通訊研究院。

雲端運算：生成式 AI 的重要支撐

在 AI 時代，雲端運算是大型模型訓練的必由路徑，就像電力時代電力普及的過程。當電力剛剛興起後，華爾街資本家認為每戶人家都應當擁有發電機，從而讓電力得以普及，而愛迪生的私人祕書塞繆爾・英薩爾（Samuel Insull）卻用大型蒸汽渦輪機來生產廉價的電力，大幅降低了成本。後面的事情我們都知道了，電力產生後透過輸電系統進行輸送，每戶人家都可以方便地使用；而塞繆爾・英薩爾後來也成為奇異的總裁。

在 AI 時代，雲端運算能解決的問題，就是幫助大型模型企業不再需要自己部署算力設施，而將訓練過程搬到雲端上。雲端運算企業在 AI 時代，就好比淘金熱時代向淘金者們出售鏟子的人。

一般來說，按照建置方式來劃分，雲端運算分為公有雲、私有雲、混合雲。

- 公有雲：雲端服務商向大眾提供雲端運算服務，特色是成本低、無須維護、使用方便並且可擴展，適用於大部分一般使用者。
- 私有雲：僅為特定使用者提供的雲端服務。使用者可以自行建置和維護營運，也可以將此部分外包出去。相較於公有雲，私有雲具有更強的安全性和隱私性，適合對資料安全要求高的使用者。

- 混合雲：同時建置公有雲和私有雲的情境。使用者在本地建置私有雲，用於處理關鍵業務，並對外公開提供部分公有雲端服務，從而實現 IT 資源的改良配置。混合雲能夠兼具私有雲的安全性和公有雲的便捷性，因此也常常被大型企業採用。

按照服務模式劃分，雲端運算可以分為 IaaS（基礎設施即服務）、PaaS（平臺即服務）及 SaaS（軟體即服務）。

- IaaS：由服務商建置底層基礎設施（包括物理設施和網路等），使用者可以在此基礎上進行軟體開發等活動。IaaS 具有成本低、使用者靈活度高等特點。常見的服務包括虛擬機器、虛擬網路以及儲存等。

- PaaS：由服務商提供應用開發工具、應用開發環境，以及應用託管、營運維護等服務，並部署在雲端，幫助使用者減少開發流程。常見的服務包括：人臉辨識開源系統、語音辨識系統等。

- SaaS：由服務商提供雲端應用軟體，使用者根據需求連接網路，即可使用這些軟體。SaaS 進一步降低了使用者的技術門檻和前期投資，減少了營運及維護的壓力和成本。常見的服務包括：企業 OA、CRM 等。

目前在全世界，公有雲市場上以 SaaS 為主，2021 年 SaaS 在雲端運算服務市場中占比為 46％。市場競爭主要集中在大廠

商之間,中間規模的廠商較難與大廠商競爭,但仍然能夠透過專業區分領域,深耕垂直領域來提升市場競爭力。

第九章

生成式 AI 如何賦能新興產業

　　圍繞生成式 AI 技術，除了讓現有產業煥發生機和促進基礎性產業發展之外，生成式 AI 與新興產業的關係也非常密切。

虛實整合：元宇宙

　　2021 年「元宇宙」的概念突然紅遍了全球，一夜之間我們好像來到了一個科幻時代，以往只能在電影和小說中出現的場景彷彿不再遙遠。實際上，雖然元宇宙目前仍然處在早期階段，距離大規模產業化還有很長一段路要走，但它代表著網路形態升級的發展趨勢。

　　元宇宙是一種虛實結合的概念，旨在打造一個利用網路技製造出的虛擬空間。在這個空間中，人們在物理世界中的行為都可以正常進行。元宇宙的設想並不是憑空而來，而是基於現實的技術和經濟的發展現狀。首先，網路經過了 50 年的發展，從形態到技術已然成熟，商業化程度高，產業化的狀態下也深

入了各行各業,因此需要尋求新的突破。其次,通訊技術的提升、算力基礎設施的改進和人工智慧技術的應用,為元宇宙提供了技術上的可能。另外,從人的角度來說,我們經歷了 Web 3.0 時代,在資訊的浪潮下經歷了思想認知的洗禮,內在需求發生了根本性的轉變——我們在享受科技帶來的便利的同時,也在呼喚科技的人文屬性。而元宇宙能滿足我們內心的呼喚。

未來技術完全成熟後,元宇宙能真正實現「虛實整合」。所謂虛實整合,既代表虛擬世界幫助解決現實世界中的問題,又代表虛擬與現實相結合,形成新的產業業態。舉個例子,我們現在想要約一個外地的友人,如果雙方無法前往某地相見,那麼我們可以打電話或視訊。但即使我們使用影片,也只是能看到對方的樣子和表情,仍然有「隔著一層螢幕」的冰冷感。而元宇宙時代,我們可以利用穿戴式裝置,將自己化身為一個數位分身,雙方在虛擬世界中的咖啡廳或會議室見面,這時我們感受到的是「真實」的面對面暢聊。這就是元宇宙幫助我們解決現實問題。

在元宇宙技術體系中,生成式 AI 能夠發揮至關重要的作用,除了技術基礎之外,元宇宙中最重要的部分就是內容。在前文我們討論了專業內容生成、使用者內容生成以及二者過渡到生成式 AI 的演變,其背後的根源實際上是網路從 Web 1.0 到 Web 3.0 的演變。

在 Web 1.0 時代,網路處在發展初期,使用者主要依靠網路

進行資訊的搜尋,這個階段網路資訊量有限、功能相對單一,資訊以「可閱讀」為主,資訊的釋出者主要是網路相關機構,以 PGC 為主;在 Web 2.0 時代,網路百花齊放,平臺化功能顯現、資訊量更加豐富,使用者既可以用來搜尋資訊,也可以用於內容創作和自我表達,UGC 開始成為主流,網路的開放共享精神進一步彰顯;在 Web 3.0 時代,網路技術進一步提升,開始朝智慧化方向發展。這一階段使用者享有的是一個更加多元化和個性化的網路。資料技術引領的推播機制形成了「資訊找人」的新方式,人工智慧的興起幫助人們創作部分內容,這一階段生成式 AI 是內容生產工具。到元宇宙時期,在技術基礎上的承載能力已經足以支撐龐大內容的情況下,生成式 AI 作為輔助工具不再能滿足內容的需求。在這一階段,生成式 AI 將全面展開,替代人工,成為內容生成的主要來源。見表 9.1。

表 9.1 網路不同階段的內容生成方式

網路發展階段	Web 1.0	Web 2.0	Web 3.0	元宇宙
內容生成方式	PGC（專業內容生成）	UGC（使用者內容生成）	生成式 AI 輔助生成	生成式 AI 全面應用
特色	專業化,門檻高,個人難以進入	自由度高,個人可參與,可與 MCN 機構合作	生成式 AI 作為工具,簡化內容生產流程	生成式 AI 作為內容生產主要來源,人工介入度極低

元宇宙時代，生成式 AI 將有極其廣闊的應用情境，具體的用途需要結合產業映用的情況來看。

- 「元宇宙＋金融」：在元宇宙中，人們將可以進行數位資產的交易，生成式 AI 可以作為數位資產的設計者生成交易方案和流程；同時，對交易雙方，生成式 AI 可以提供精準的數位身分生成。
- 「元宇宙＋工業」：元宇宙在工業領域的應用，需要 CPS（資訊物理系統），數位孿生，AR、VR、AI 電腦視覺，低延時遠端控制等各項技術的相互融合。生成式 AI 不僅能發揮電腦視覺的輔助功能，還能分析各項技術的流程和應用情況，生成合理的解決方案。
- 「元宇宙＋教育」：元宇宙在教育領域的應用，可以解決目前遠距教學中師生之間缺乏互動的問題，讓教育更加具備沉浸式的體驗。生成式 AI 在其中能夠發揮教學場景規劃、課堂主題設計、教學品質評估等作用，幫助提升教育品質。
- 「元宇宙＋城市發展」：元宇宙中的城市發展，涉及虛擬都市計劃、基礎設施建設、房屋建設、街道管理等內容，生成式 AI 能夠充分利用影像、文字、影音等多方位的生成能力，形成前期的規劃方案、中期的運作方案、後期的評估測試方案、營運管理解決方案等。
- 「元宇宙＋消費」：元宇宙體系中的消費，既包括現實消費

的「元宇宙化」,也包括虛擬物品的消費。比如,對於現在的網購,我們需要開啟手機 App,搜尋、選擇、下單,並等待物流送貨。而以後在元宇宙中,我們可以在虛擬商店中,使用自己的數位分身試衣服,然後下單購買。買來的衣服,既可以是送到家裡的真實的衣服,也可以僅是元宇宙裡數位分身穿著的衣服。

當然,我們現在對生成式 AI 在元宇宙中的具體應用,還需要通訊、算力的進步以及人工智慧模型的不斷訓練。這個過程將非常漫長,目前已有部分企業展開了「生成式 AI+ 元宇宙」方向的嘗試,部分城市也將其列入都市計劃和發展的一部分。

從目前的實踐情況來看,「生成式 AI+ 元宇宙」從技術到管理層面都需要進一步成熟。對於實際業務應用,元宇宙的角色在某種程度上需要向高級 EPR 方向發展,而現在卻更像是 OA 系統,在具體場景中未能形成全面、系統的支撐。這是未來「生成式 AI+ 元宇宙」需要解決的問題。

環保與可持續發展

ESG 是現在的社會熱門議題之一。ESG 指的是環境 (Environment,E)、社會責任 (Social,S) 和公司治理 (Governance,G),代表將三者相結合的新發展理念和路徑。傳統的企業發

展常常過於看重短期經濟利益,而忽視社會責任和環境保護問題,社會的環保議題主要依靠政策推動和企業自身的責任感,因此造成三者的脫節。ESG 發展理念強調在追求環保和社會責任的基礎之上,同樣注重公司治理,保持三者之間的平衡,從而實現公司長期、健康的發展。

ESG 的發展理念由來已久。1965 年,瑞典社會上興起了禁酒運動,推出基金 Aktie-Ansvar Sverige,該基金首次將企業社會責任納入投資考量因素當中。時至今日,該基金仍然在運作,並且不會將超過 5% 的資金投向武器、菸草、部分特定藥物、酒精、賭博、石化燃料或成人用品等領域。1971 年,美國帕斯全球基金(Pax World Fund)成立,該基金首次系統地提出規避投資規則,即避開戰爭相關投資,被認為是世界上第一支企業社會責任基金。

1976 年,卡爾弗特投資公司(Calvert Investment)成立,接下了企業社會責任理念的衣缽。1982 年,它們推出了卡爾弗特社會投資基金(Calvert Social Investment Fund),該基金明確選股標準中對企業道德的考量,包括環保和社會貢獻,並避免投資菸草、軍火武器、酒業、核能等產業及其相關企業。1992 年,卡爾弗特推出了世界價值基金(World Values Fund)(後來稱為卡爾弗特國際股票基金),是世界上首隻國際企業社會責任基金。

在標準方面,世界上首個企業社會責任指數多米尼 400 社

會指數（Domini 400 Social Index）於 1990 年誕生（後稱為 MSCI KLD 400 社會指數）。該指數將美國證券市場上 400 個公司的市值加權計算，以企業社會責任作為評級標準（後來發展為 ESG 指標），旨在排除價值觀不符合標準的公司。

在國際上，2004 年聯合國環境規劃署首次提出 ESG 概念，2006 年聯合國責任投資原則（UN Principles of Responsible Investment，UNPRI）釋出，並成立了組織、釋出了簡單評估調查。UNPRI 原則認為，將 ESG 三個要素納入考量範圍的投資，可以定義為負責任的投資。多年來，聯合國責任投資原則組織一直在更新和釋出資產管理公司報告框架，不斷完善 ESG 相關規定。此後 ESG 理念逐漸在全世界廣泛傳播。

中國 ESG 理念系統性發展晚於歐美先進國家，雖然發展迅速，但目前仍面臨一些痛點，例如評價體系缺乏標準、資訊披露不足、缺乏整合性等。

目前，生成式 AI 在 ESG 領域的實際案例並不太多，但是隨著生成式 AI 技術的進一步成熟，ESG 將展現更加廣闊的市場潛力。

我們判斷：①未來將有更多企業對 ESG 有更深的認知，並且願意釋出 ESG 報告；②更加專業化的 ESG 報告具有更廣闊的市場需求，生成式 AI 等技術能夠在其中發揮更加重要的作用，承載未來大量的需求。

智慧城市與交通

　　智慧城市是透過數位化、資訊化和智慧化技術手段，改善城市基礎設施建設和公共服務品質，提升交通出行便利度和居民生活服務福祉，讓城市發展更加順暢、人們生活更加舒適。

　　智慧城市的概念來源於 IBM 在 2008 年提出的「智慧地球」（Smarter Planet）的理念。IBM 指出，智慧地球分為三個要素，用「3I」——物聯化、網路和智慧化來概括，即將新一代 IT、物聯網等軟硬體技術植入各行各業，讓人們能夠更加智慧地生活，也就是「網路 + 物聯網 = 智慧的地球」。2010 年，IBM 正式提出「智慧城市」的發展願景。具體來說，智慧城市主要有四大特徵：一是物聯網技術普遍應用，用智慧感測設備連線城市公共設施；二是硬軟體整合，將感測設備資訊與網路連線，並形成城市運作方案；三是採取適應先進設備的配套裝務，提升管理水準，加強城市創新力建設；四是加強城市整合，讓城市每個節點都透過技術系統運轉。

　　智慧城市本質上是技術和城市治理的深度融合，進一步提升城市運作的效率。比如，在交通管理方面，過去的車流量依靠交通警察的感官，既不精準也無法採取及時的交通管理措施。而現在透過路口的感測器和攝影機，交通管理部門能及時接收到不同路段的車流量資訊，從而能快速決策，疏導車流。而司機則可以透過各種導航軟體，了解前方路段的塞車情況，

能夠及時改變路線,避開交通擁堵路段。

根據 IDC 的報告,智慧城市細分應用情境包括數位孿生城市、城市人工智慧、智慧園區、城市智慧交通等。

- 數位孿生城市:利用數位孿生技術對城市進行「從物理空間到虛擬空間」的對映,這個過程涉及大量的建模和影像、影音生成等,這是生成式 AI 能夠實際應用的場景。

- 城市人工智慧:城市人工智慧系統包括智慧安全、城市管理、城市治理、智慧應變、智慧交通、智慧水務、智慧能源。生成式 AI 能夠與物聯網相結合,透過對輸入資料的分析和處理,生成改善的解決方案。

- 智慧園區:智慧園區是對傳統產業園的數位化升級,將傳統的招商、管理和配套設施服務升級為產業服務、企業服務、人才服務,從而助力企業發展。生成式 AI 能夠與硬體設施相結合,生成綜合性智慧解決方案。

- 城市智慧交通:城市智慧交通建設包括服務平臺建置、交通動態資料管理、交通設施運作狀況篩查、交通規劃與地理資料管理等。生成式 AI 能夠與智慧硬體設施相結合,透過大型模型對資料進行分析和預測,輸出相關報告和改進意見。

- 智慧政務:將生成式 AI 智慧語音客服、線上客服整合至政務處理系統中,更快解決居民常見問題,降低人工處理壓

力；建立生成式 AI 政務材料稽核系統，透過語音辨識、自然語言處理等技術，幫助辦理申請、材料稽核等工作。
- 城市大腦：城市大腦是生成式 AI 和物聯網等技術結合的產物，是綜合性、平臺性的服務中心，能夠在城市的執行中發揮基礎性的支撐作用，解決各部門、各產業之間的資訊孤島問題。

農業和食品產業

在歷史的長河中，農業是人類文明發展之源。農業不僅解決了人類吃什麼、如何活下來的問題，更代表著人類知識的累積和認知能力的提升，是科學和人文的匯聚。從刀耕火種到馴養動物、種植農作物，人類理解了氣候、土壤、雨水和動物，生活方式也從遊蕩變成了定居。為了種植出更多作物，人類學會了天文曆法。從遠古時期人類的樸素認知，到古代人民用心血寫下農業技術更迭，從春秋戰國的《管子》到漢朝的《氾勝之書》，從北魏的《齊民要術》到清朝的《授時通考》，這些關於農業的著作是人們智慧的結晶。

而如今，我們有了現代化的機械、科學化的育種方法、精準的氣候和天氣預報及各類物聯網硬體裝置，面對各種自然狀況，我們已遠不像先人們那般捉襟見肘，但現代農業也面臨著

新的挑戰。部分國家目前面臨的實際問題包括：

農業「大而不強」。農業科技創新貢獻率、管理水準與生產效率提升空間仍然很大。科技比重不高、務農人口眾多。

地形氣候問題複雜。部分地形複雜、氣候類型多樣、降水分布不均勻，現有土地難以改造成適合耕種的區域。同時，部分地區還面臨缺水和洪澇等問題，自然災害嚴重影響了正常農業生產。

農業可持續發展的新要求。在現代國際趨勢的 ESG 發展要求下，傳統的農業發展方式已經不再適用，現代農業發展，需要將土地資源、土地制度、氣候以及生態環境變化和農業產量、品質等要素相結合，既要提升農產品品質和產量，提升農民收入，又要保證生態環境不受負面影響。

面對以上種種問題，技術是化解難題的關鍵要素──生成式 AI 是其中的重要技術之一。不過，生成式 AI 在農業中的應用不是以主體技術存在的，往往需要與物聯網和其他農業輔助技術相結合，共同打造農業科技。具體來說，其應用可以分為四類：

- 追蹤檢測類，包括作物和土壤檢測、昆蟲和植物病害檢測、牲畜健康監測。
- 農業機器人：自動化的機器人處理初級農業任務，替代部分人力勞動。

- 預測分析：天氣預測、航空測量和成像、生產分級分類等。
- 其他輔助性服務，比如智慧噴塗、自動除草等。

按照農業生產的步驟劃分，還可以分為產前、產中、採收和產後四個階段。

在產前階段，AI 能夠與物聯網技術相結合，利用資料分析和預測能力，生成合理的灌溉和施肥方案，從而達成集中資源利用的效果，並降低種植成本；分析農作物品種市場資料，利用生成式 AI 生成市場調查報告或生產方案，指導農民合理化安排種植品種配比，以規避缺貨或滯銷問題。與資料和雲端運算等技術相結合，生成式 AI 蛋白質編輯技術能夠協助改良農作物品種，提升抗蟲能力與產量。

在產中階段，電腦圖像辨識技術可以辨識作物品種、病害程度和雜草生長情況，生成式 AI 生成即時情況報告，農民就可以及時採取行動，從而減少經濟損失，保證農作物安全；機器學習技術可以利用衛星影像資料，預測天氣等環境變化，生成式 AI 提供解決方案，幫助規避不利影響。

在採收階段，AI 配合農用機器人能進行自動採收。而在產後階段，生成式 AI 能夠與感應裝置結合，提供智慧檢驗服務，從而保證農產品品質，還能夠結合市場資料，制定合理的營運方案和銷售策略，改良物流路線和服務方案，提升供應鏈效率。

第九章　生成式 AI 如何賦能新興產業

▌案例：部分農業應用情境

aWhere 是一家專門從事農業數位化的公司，成立於 1999 年，其每天從國際上收集和分析超過 10 億個農業資料。因為農業是一項極其「看天吃飯」的產業，為了幫助農民們做出更合理的商業決策，aWhere 花了超過 20 年的時間開發了一款以 AI 為核心，精準進行資料處理和交付的系統，並將技術實際應用到一些國家和地區。

aWhere 曾經和新創企業農業科技公司 Dehaat 合作，在印度比哈爾邦地區與農民合作，幫助他們使用 Dehaat 平臺。這個平臺是以 AI 技術為核心的多功能整合式農業平臺，具有作物提醒、農作物諮詢、天氣預報等多個功能，專為印度 12 個主要農業邦打造。考慮到印度方言眾多的情況，Dehaat 還提供地方方言的語音諮詢服務，為農民提供化肥用量、農作物管理等方面的諮詢。

Trace Genomics 成立於 2015 年，是一家總部位於美國舊金山的農業科技企業，專注於土壤檢測業務。以人工智慧和資料科學為核心，Trace Genomics 擁有一套涵蓋土壤成分追蹤、診斷、養分管理及病原體管理的農業解決方案，還延伸至 ESG 可持續發展的土壤效能評估服務。在下一代產品中，Trace Genomics 計劃推出 TESS™（Trace Environment Soil System）引擎，來對土壤進行物理、化學、生物特性分析，生成專業化的產品預測，幫助客戶改良作物管理。

從加持產業到服務國家政策：生成式 AI 助力偏鄉振興

生成式 AI 技術不僅能夠服務具體的產業及應用情境，還能服務國家政策。有國家就採用了相關的策略規劃，用以解決城鄉發展不均衡的現實情況，提升居民的生活水準。

生成式 AI 在偏鄉振興中的主要作用是以工具化的形式促進產業發展。要讓農村的產業興旺，一方面要打造現代化農業，讓農業向規模化、品牌化和科技化方向發展；另一方面要推動產業的融合，在強化農業產業基礎上推動農業同新興產業的融合，比如鄉村文旅、電子商務、農產品加工等。產業融合的最終目的是要提升產業鏈的品質和產品附加價值。比如，生產辣椒醬比單純賣辣椒具備更高的附加價值。因為生產辣椒醬涉及建設廠房、收購原料、生產加工、包裝、物流等環節，每個環節都能增加當地就業，或者吸引附近勞動力。就產品端而言，辣椒醬也比純辣椒價格更高，如果配合良好的品牌策略，還能形成品牌效應，進一步推動銷量。因此，技術應用的重點應當是如何提升產業融合度、增強產業鏈韌性及提升品牌競爭力。

生成式 AI 可以在偏鄉振興的產業發展過程中發揮重要作用。在農業生產端，利用農業科技，提升農業生產效率；在產業融合端，利用文字生產、影音生成等能力結合電子商務、行

第九章　生成式 AI 如何賦能新興產業

銷推廣、品牌打造等環節。比如，生成式 AI 生成的虛擬人可以進行線上直播，就像我們前面提到過的虛擬人網紅 Lil Miquela 和 Rozy，虛擬人與電商結合，進行新形式的直播銷售、個人 IP 打造等，從而形成品牌效應。生成式 AI 還可以與文旅產業深度融合，充分挖掘當地特色風土人情、歷史沉澱，打造線上數位化文旅展廳等等。

　　總之，生成式 AI 的應用情境多、範圍廣，既可以與企業策略結合，成為新的商業模型，也可以與社會發展策略相結合，幫助提升基礎的民生領域，服務老百姓的食衣住行。雖然目前還沒有完全普及，但在不久的未來，當生成式 AI 滲入每個領域當中時，就會像網路一樣，不需要覺察它，但它無處不在，時時刻刻陪伴我們。這就是科技進步的意義。

第二篇　生成式 AI 的產業應用與價值變革

第十章

AI 創業與投資新機遇

在生成式 AI 的浪潮之下，人人都變成了內容的生產者，而不再只是接收者。只要你會寫指令，你就可以讓人工智慧成為你的助手。這是最好的時代，也是最壞的時代。生成式 AI 讓創業離我們不再遙遠，但我們是否應該投身於生成式 AI 創業呢？如果要成為參與者，我們該如何切入呢？我們不妨從企業家、投資人和創業者三個角度來思考。

企業家的自我精進

當新技術來臨的時候，很多人來不及準備，就被時代拋在了身後。身為企業家，不論是對人工智慧還是其他技術，都應當保持足夠的資訊敏感性和學習能力，主動了解變化、擁抱變化，而不是墨守成規。生成式 AI 來了，企業家們不一定非得投身於相關領域，但至少要對自己的企業及時進行數位或是智慧轉型。這是一次必要的變革，因為未來已經在門口敲門。

充分理解數智化

「智慧化」與「數位化」不同。在網路時代，我們聊的是數位化，就是將一切資訊轉化為數字、資料，再建立對應的模型，利用電腦技術進行處理。過去我們手寫書信，需要用到紙筆，中間還要有寄送的過程。如今我們傳送郵件，書寫的過程由鍵盤替代，我們用打字來輸入資訊，寄送書信的過程由網路通訊替代，我們只需點選傳送，電子郵件就在網路上寄給對方了。過去我們開公司，需要手動記帳，不僅速度慢，而且容易出錯。現在使用財務管理軟體，讓電腦來替代計算和記憶的過程，能夠有效簡化財務流程，讓財務人員擺脫繁瑣作業，從而專注於與財務相關的決策等工作。

數位化一方面是以提供工具的方式，幫助人們減少工作中間環節，提升工作效率，從而帶動生產方式、組織結構、企業管理等更深層次的變革，為企業的發展策略和業務應用服務，比如辦公整合軟體的使用、ERP 系統的引進。另一方面是將現有的產品與服務進行改造，進一步激發產業價值。比如將傳統的紙本媒打造成網路數位化媒體，向讀者提供實體、線上的訂閱方式，並提供延伸的出版品，降低了自媒體的衝擊，又保障了健康的商業模式。傳統的車商在網路時代，除了賣車，還提供車載網路、自動服務、自主車輛和資料等加值服務，讓汽車銷售從傳統買賣向持續性服務轉變。

第十章　AI 創業與投資新機遇

而智慧化，是在人工智慧技術興起和應用後產生的新概念。在產業數位化發展的趨勢下，人們對資料處理和資訊傳遞的要求進一步提升。一方面，人們希望藉助於資料、雲端運算、人工智慧等技術，使電腦能夠對資料進行更深度的處理，達成態勢感知、即時監測、科學決策和後續回饋等。另一方面，資料需要變得更加智慧。電腦需要像人類的智慧一樣，具備主動收集資訊、分析資訊並作出判斷、預測和決策的能力。

智慧化是在數位化基礎上的又一次升級，這一次它帶來了更加深刻的變化。對於企業家們來說，這既是一次機會又是一次挑戰，更像是一次新的創業歷程。企業家們在接受挑戰之前，不妨先問自己幾個問題（見表 10.1）：

表 10.1　數智化的思考方向

思考角度	內容
策略和業務調整	我們是否需要導入生成式 AI，並對現有策略進行調整？ 導入生成式 AI 技術的方式是自主研發，還是與第三方單位合作？ 我們的業務是否可以與生成式 AI 結合？如果可以，兩者結合的創新點在哪裡？ 現有業務與生成式 AI 結合，是否會增加技術與管理成本？ 未來的創新業務是否有新的盈利模式？ 如果競爭對手也採用生成式 AI 進行內容生成，我們如何確保自身競爭力與獨特性？

思考角度	內容
組織架構的調整	當公司上下將生成式 AI 納入辦公流程或產品流程後,組織架構是否需要進行調整? 中層的管理界線在哪裡? 如何透過生成式 AI 對流程進行改造,並降低管理與溝通成本?
人力資源的調整	對於基層員工,那些工作是可以用生成式 AI 替代的? 對於不會使用生成式 AI 的員工,是否要進行教育訓練? 如何長期培養員工使用生成式 AI 的技能?

比如,對於動漫、美術和視覺創意類的公司,企業家可能需要思考的是,是否要抓住機會對企業進行改造升級,減少可替代的畫師,並改善中層管理結構,讓組織結構變得更加扁平化。這不是一個簡單的思考過程,因為組織機構的調整意味著大刀闊斧的改革。如果人員調整幅度過大,可能會影響到公司在資本市場或相關產業內的形象,這個影響是一時的陣痛還是長期的影響,需要企業家在決策時進行謹慎的思考。另外,還有一個實際問題就是,基於生成式 AI 目前的技術水準,對於實際的企業來說,是否現在就是人力資源最佳化和組織結構調整的最佳時期。因為生成式 AI 的實際應用,在不同產業和具體公司內產生的影響可能截然不同,因此需要企業家們謹慎決策。

對於一些需要與客戶深度溝通的產業,企業家們還需要考慮更多人的因素。比如在心理諮商產業,雖然生成式 AI 能夠

像心理諮商師一樣提供對話,但在目前的技術下,AI 無法提供類似於人的情緒價值。所謂情緒價值就是人內心深處的共情能力、同情心,幫助他人脫離負面情緒,為他人提供包括關心、鼓勵、支持、理解、信任、體貼、關注、崇拜等不同感受。情緒價值是人類的主觀情感,而生成式 AI 生成的內容則是基於大型模型的訓練和分析,顯得更加冰冷。我們無法斷言,未來生成式 AI 也無法取代人的情緒價值,但是目前,當企業需要引入生成式 AI 來推動轉型升級的時候,應該仔細考慮人性因素。

企業家精神:跟上時代的腳步

這個世界上唯一不變的就是變化。詹姆‧柯林斯(Jim Collins)有一本經典之作《基業長青》(*Built to Last: Successful Habits of Visionary Companies*),出版於 1994 年。這本書常常被商科教育奉為圭臬,因為它彷彿講述了一個企業長期發展的固定方法論。然而許多年後,當時被寫進書中作為案例的企業卻並沒有如預測的那般繼續「基業長青」。

比如,被認為是正面案例的摩托羅拉就沒有實現它的基業長青,是因為它沒有擁抱新技術嗎?並不是,恰恰相反,摩托羅拉非常堅決和大膽地展開了創新。1991 年,摩托羅拉就解決手機通訊訊號覆蓋不到一些地方的問題,啟動了「銥星計畫」,就是用 77 顆(實際最後用了 66 顆)近地衛星組成星群,從而達成在地球任何地方都可以打電話的目標。1996 年,第一顆銥星

發射；1998 年「銥星計畫」開展了商業化運作。這項計畫雖然非常有創意，也能解決實際問題，但投資巨大且營運成本高昂。摩托羅拉及合作方不僅透過發行股票募資，還借款了幾十億美元。為了解決財務問題，摩托羅拉將手機定價提高到了幾千美元，而且打電話每分鐘花費為 3 美元，由於價格昂貴，摩托羅拉的使用者族群不斷縮小。2000 年，銥星公司在掙扎了一年後正式破產。

「銥星計畫」的失敗，對摩托羅拉來說不僅是財務上的損失，更是商業機遇上的重大打擊。當時通訊制式 GSM 沒有被 CDMA 替代，如果提前布局技術上全面領先的 CDMA，摩托羅拉完全有機會在手機市場上拔得頭籌，然而當時它們將精力放在了「銥星計畫」上，因此沒有及時跟進。另外，摩托羅拉是一家多元發展的公司，它在其他業務上也遭遇了挫折，比如數位訊號處理器上；摩托羅拉敗給了德州儀器，電腦處理器也不敵英特爾。

在手機業務方面，摩托羅拉注重技術和品質，但是卻忽略了研發成本。它們想要從手機晶片到整機全部包攬，但企業的整合能力不足，加上內部管理過於「小家子氣」，導致其沒有及時跟上市場的腳步。摩托羅拉的產品品質好，但並不是市場想要的，於是就被市場全面淘汰。2011 年谷歌以 125 億美元收購摩托羅拉移動 MMI.N，2014 年聯想以 29 億美元從 Google 手裡收購了摩托羅拉。

君子之澤，五世而斬。摩托羅拉作為家族企業，並非不想成為百年老店，但是在新的時代到來時，它們明顯顯得心有餘而力不足：沒有在恰當的機遇選擇恰當的新技術，而是浪費資金去做商業模型行不通的事情；不考慮市場需求一味追求技術和品質，卻又在關鍵性技術到來之際錯失良機。

而今天的企業家也正處在技術爆發的時代。生成式 AI 無疑會帶來更多機會，但是企業抓住良機並不能僅靠擁抱技術，還要考慮很多因素，比如市場需求、商業模式、競爭對手狀況等，因此作為企業家應當不斷地自我學習、自我提升，扎根產業當中去收集資訊、發現機會，既不能過於保守地吃老本、不思進取，又不能過於激進。

投資人：生成式 AI 投資新領域

投資領域考察

ChatGPT 的爆紅，帶動了一股生成式 AI 創業熱潮，對於投資人來說，選擇合適的標的成了一項重要工作。就目前的情況來看，生成式 AI 創業方向主要有三類：

- 生成式 AI 基本功能類：大型模型 + 影片、3D、語音等多內容生成。

- 大型模型基礎設施類。
- 專注於特定應用場景的垂直領域公司。

第一類的專案在技術方面相對成熟，且成本較低，相對容易操作，且部分專案已經具備商業化基礎，盈利前景相對明確。但由於 Stable Diffusion 模型（SD 模型）已經開源，很多所謂的生成式 AI 專案只是直接接入 SD 模型，技術門檻並不高，容易導致同質化競爭，因此投資人在考察此類專案時，應當了解模型背景和商業模式。這裡我們羅列了一些公司及應用產品。見表 10.2。

表 10.2　目前常見的生成式 AI 產品

產品類型	產品名稱	所屬公司	收費方式
AI 繪圖	Stable Diffusion	Stability AI	限定數量免費＋固定數量定價
	Disco Diffusion	Google	目前免費
	Midjourney	Midjourney	限定數量免費＋按月收費
	Mimic	RADIUS5 Inc.	正在公測，收費方式需確認
	Novel AI	Novel AI	按月收費（不同價格數量不同）
	DALL-E2	OpenAI	限定數量免費＋每月固定數量收費＋固定價格固定數量

產品類型	產品名稱	所屬公司	收費方式
AI 寫作	ChatGPT	OpenAI	免費模式＋會員按月付費模式
	Jasper AI	Jasper AI	免費試用＋分級按月收費
	Copysmith	Copysmith	分級按月付費
	Rytr	Google Copysmith	限定數量免費＋分級按月收費
文本－音頻生成（TTS）	Speechify	Speechify	免費試用＋包年
	Synthesys	Synthesys	按月收費（分為 AI 配音、人工配音和二者結合的不同定價組合）
	Murf	Murf AI	免費版＋分級按月收費＋企業版
	Descript	Descript	免費版＋分級按月收費＋企業版
	Speechelo	Speechelo	標準版和高級版
	Amazon Polly	AWS	免費版＋分級定價

　　從表 10.2 可以看出：生成式 AI 基礎功能的競賽已經有不少企業參與，並形成了完善的定價體系，其中不乏大型網路公司和科技公司（比如 Google、亞馬遜）。這些公司本身技術能力扎實、產品體系健全，生成式 AI 應用還可以同它們的其他業務相融合，因此先天具有相對高的產業門檻。這也是投資人對新

創企業企業考察時應該注意的地方。

第二類大型模型基礎設施類。此前我們已經分析過，出於成本和技術的原因，該領域大部分都是網路及科技大型企業擔任領頭羊，相對來說產業門檻比較高。而新創企業企業，美國知名孵化器公司 Y Combinator（YC）在 2023 年的 YC Demo Day 上，公布了一些它們投資的大型模型新創企業公司，可以為廣大投資人在商業模式和創業者背景考量方面提供一些參考：

Stack AI 是一個導入平臺型大型模型應用，能夠為使用者提供「傻瓜式」的使用體驗，透過拖動模組的方式，將「輸入／輸出」、「模型」（可選擇已導入的大型模型，目前有 OpenAI 和 Replicate）、「檔案」等模組組合起來，一次收集／標記／整理資料、微調、編寫和部署 LLM 應用程式。見圖 10.1。

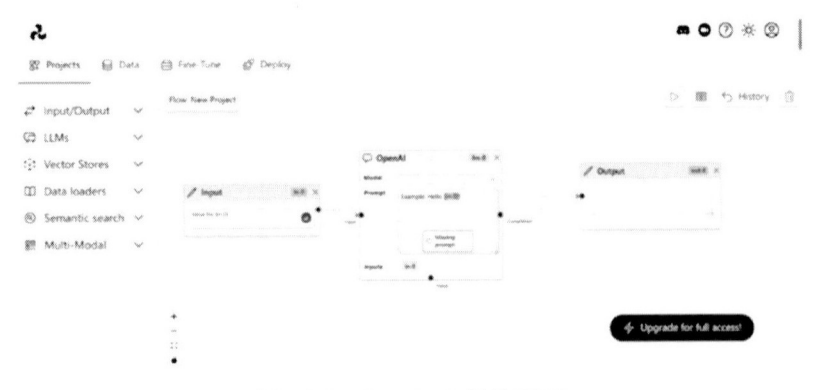

圖 10.1　Stack AI 操作頁面

資料來源：Stack AI 官網，https://www.stack-ai.com/dashboard/projects。

Stack AI 的商業模式是分級收費,不同使用者可以選擇不同套組,套組中包含不同功能。該商業模式可以為大型模型企業提供參考,首先,企業需要有明確的產品╱服務及對應的定價標準;其次,在基礎功能之上的附加服務是極其重要的,投資人在考察大型模型類公司時,可以重點關注其服務能力。對於很多非網路、非技術類公司而言,對大型模型的技術原理未必有很深度的理解,也未必能精確地表達自身的技術需求,因此需要大型模型公司本身具有良好的服務意識和能力。見表 10.3。

表 10.3　目前生成式 AI 產品主要商業模式

初級用戶	團隊用戶 (500 美元╱人╱月)	企業用戶 (客製化費用)
每天可運行 20 次	每天可運作 1,000 次	無限制
1 個專案	10 個專案	無限制
個人使用	5 名團隊成員	無限團隊成員數量
不提供功能╱服務	可使用日誌和監控	可使用日誌和監控
	可微調模型	可微調模型
	不提供功能╱服務	專屬機器學習基礎設備
		專屬機器學習解決方案架構師
		可使用存取控制
		可本地建置

另一個對於投資人有一定參考意義的 YC 系大型模型是印度的 UpTrain AI，這是一款開源模型訓練工具，能夠檢測、預測和改良已有模型，並進行自動二次訓練。這家企業的創始人 Sourabh Agrawal 已經在建構和部署機器學習領域深耕了 8 年，並且是一名連續創業者。2021 年，他和其他人合作創立了 Insane.ai，這是一款 AI 健身應用程式，曾經獲得 pi Ventures、Anupam Mittal、Sameer Pitalwalla 等機構的投資，並在印度擁有 15 萬名使用者。Sourabh Agrawal 是電力工程師出身，曾在博世（Bosch）自動駕駛部門擔任 AI 顧問，在高盛從事量化金融相關工作。聯合創始人兼 CTO Vipul Gupta 是加州大學柏克萊分校機器學習博士，曾擔任實驗室研究員，後在 Facebook 和字節跳動負責機器學習模型訓練方面的工作。另一名聯合創始人 Shikha Mohanty 則是風險投資出身，畢業於香港大學會計及金融專業，曾為各類新創企業公司提供 GTM 策略服務（Go-to-Market Strategy，GTM，進入市場策略）。

YC Demo Day 公布的生成式 AI 領域入圍的公司當中，不少都是類似的創始人組合：名校畢業、連續創業者、在相關領域有過較長時間的工作經驗和技術累積，同時一部分公司會選擇技術出身的創始人作為領導者，與市場、業務出身的聯合創始人合作，形成「技術＋市場」路線。投資人在評估創始團隊背景時，可以參考這種思路。

第三類是包含具體應用情境的垂直領域公司。此類公司有

明確的應用情境和受眾市場（或至少已設定目標），從技術到行銷均圍繞具體的特定市場進行。我們仍然以 YC 今年投資的公司為例。

AlphaWatch AI 是一個專為避險基金和私募股權公司設計的研究和分析平臺。AlphaWatch AI 透過使用定製的大型模型、專門的嵌入模型，並與可信的外部資料來源和安全的私人資料整合，建置一個聊天介面，來引用資料和訊息的來源，從而幫助金融從業人員節省研究時間。該公司的宗旨是幫助使用者解決具體的痛點——資料脫節問題，避險基金為此要在資料成本上花費數十萬美元，同時還無法完全保證資訊的準確性。AlphaWatch AI 希望能夠利用自身的技術能力，來保障資料的穩定安全，並幫助金融機構提升決策的有效性。

Layup 主打個人辦公智慧助手，能生成即時客製化工作流，並整合了 170 多個外部程式（比如 Notion、Google Document），可以內容分享或匯入外部程式。比如，利用 Salesforce 的資料建立客戶總覽，將其匯出到 Google 文件，並形成分享。其資料來源包括個人或公司的知識庫、自己的工作檔案或電子郵件、公司工作流程及外部公開資源。

從 YC 投資的新創企業企業來看，目前可應用生成式 AI 的垂直領域公司包括：個人智慧助手及辦公、金融、銷售與市場行銷、公司管理（比如人力、財務等）。在考察此類投資標的時，投資人需要對相關市場進行深入的研究和精準的定位。

生成式 AI 投資方法論

從整體上來說，生成式 AI 作為一個新型領域，充滿了機遇與活力，大量創業者的湧入為未來創造了大量的可能性。但身為投資人，也應當理性看待目前生成式 AI 領域存在的客觀問題。首先，是資金投入和商業週期，生成式 AI 領域除了部分已經成熟的垂直應用外（比如 TTS），基本上都需要大量的資金投入。而在盈利模式上，B2B 的基礎技術公司對大客戶依賴度高，B2C 的應用型公司目前依靠使用者付費方式，需要在市場上獲得足夠的使用者，因此競爭相對激烈。其次，一些國家對生成式 AI 相關的監管政策並未完全明確，比如 AI 繪圖、文字生成等領域的版權問題，因此政策方面可能存在不確定性。另外，目前生成式 AI 還沒有實現類似「網路＋」的產業加持體系，不少公司從技術到場景都未成熟，還有一些則是利用生成式 AI 概念進行炒作，獲取短期回報，如投資人希望入場，需要謹慎辨識其實際業務能力。

從大趨勢來說，生成式 AI 的發展勢不可當，就像電燈替代煤油燈、電腦逐步替代手寫一樣，這是科技進步的必然結果。在這個趨勢下，投資人需要建立起自己的投資方法論。具體來說：

其一是專業知識的不斷累積。一方面，投資人可以多關注和學習相關電腦、人工智慧方面的知識，在掌握基本的知識體

系和邏輯的基礎上，進行深入的產業研究，不斷加強自身和團隊的資訊處理能力；另一方面，可以加強實踐，多使用 ChatGPT 等新工具，對比不同的模型和應用，建立直觀的感受。

其二是累積和研究商業案例。透過公開資訊、產業活動、專家訪談等方式，了解目前生成式 AI 或 AI 相關基礎設施、硬體等產業的實際案例，分析其成功或失敗的原因，了解生成式 AI 產業成長路徑的自然規律。

其三是融合自身的實踐經驗。不少專業投資人曾經在其他產業累積了多年的工作經驗，已經具備完善的方法論。在進行投資決策時，投資人們可以回顧自己的產業經驗，尋找通識性的認知和感受，從而做出更合理的判斷。

其四是對自身情況進行客觀理性的評估，包括投資風格和偏好、風險承擔能力、盈利目標、相關產業資源等。在自己能掌握的範圍內，進行投資決策和判斷。

有人曾經將投資企業比喻成養育孩子。新創企業企業就像一個嬰兒，有生存的本能但是需要人工餵奶，投資人就是餵奶的人。當嬰兒成長為兒童後，他才能自己走路、跑步，這中間需要各式各樣精心的照料，所以實際上投資人投入的不僅是資金，還有各方面的支持和幫助，甚至當公司進入快速成長期以後，也可能出現管理問題、股權糾紛等。因此，選擇生成式 AI 作為投資領域，更需要具備長線思維的心態，深入挖掘公司核心競爭力，不斷深化認知和公司共同成長。

生成式 AI 創業之路

生成式 AI 創業：技術僅僅是及格線

現在是否該入局生成式 AI 創業領域？我該如何選擇市場和領域？如何避免盲目跟風和同質化產品？如何獲得投資人支持？這是很多生成式 AI 創業者思考的問題。在解決這些具體問題之前，我們應該注意一點：生成式 AI 創業和以往所有的創業領域都不一樣。

以往的創業大致可以分為商業型創業和技術型創業。商業型創業是利用現有的社會經濟條件和技術水準，用創新商業模式提供產品或服務，從而填補某些特定市場的空白；技術型創業是將先進技術轉化為產品和服務，或是進一步挖掘現有技術的內在價值，形成新的業務模式。生成式 AI 創業顯然是技術型，但是與以往的技術不同，AI 本身是在一刻不停地進化的，其技術換代的速度遠遠高於其他技術；同時 AI 的發展方式決定了它不僅是一種生產工具或平臺，更是勞動力本身，甚至可能成為社會的新主體。因此，生成式 AI 創業者的思考核心，不是複製網路時代的成功，而是思考新時代的新機遇。

除了新的出發點之外，創業者們往往還面臨一個問題：技術和認知的協調問題。技術進步過快，人的認知難以跟上，而且技術進步有時候過於領先，走在了人們具體需求的前面，因

第十章　AI創業與投資新機遇

此很難保證商業層面的可行性。就像我們現在都已經習慣於各類語音產品，而如果一間公司在2001年推出這樣的產品，可能不會成功，但並不代表這項技術沒有商業化的潛力。

因此，創業者們一開始就應當考慮的是：這些技術是否有立刻商業化的潛力。如果暫時無法商業化，那麼這條路還需要多久才能走順。生成式AI創業領域技術門檻只是及格線，更重要的是如何形成可行的商業模式。

對於商業模式的思考，我們不妨參考「十倍理論」。這個理論由布雷克‧馬斯特（Blake Masters）在《從0到1：打開世界運作的未知祕密》（*Zero to One: Notes on Startups, or How to Build the Future*）一書中提出，此人是矽谷創投教父、PayPal公司創始人、Facebook首位外部投資人。

「十倍理論」指的是一項技術比競品或類似的產品好10倍，才能帶來真正的壟斷優勢，或者說創業者能夠將現有的技術進行綜合改善，將使用者體驗提升至之前的10倍，就能產生巨大的競爭優勢。比如Amazon早期的願景是「做世界上最大的書店」，他們的做法是在網路上提供大量電子書，透過低價銷售Kindle硬體，搭配電子書銷售費用和會員費用等，形成盈利模式。比起當時的電商，Amazon的做法做到了「好10倍」，方便、省錢又有良好的使用者體驗。但Amazon在中國卻無法成功，因為一些中國人的版權意識不強，免費電子書資源很容易獲得，對於中國使用者來說，「破解Kindle+免費電子書」比Amazon的商業

模式「好 10 倍」，幾乎沒有經濟和時間上的成本。因此「十倍理論」的根本要素在於：以使用者為中心，解決使用者最根本的需求、保證良好的使用者體驗，讓使用者買單。

那麼「十倍理論」為什麼是 10 倍，而不是 5 倍？其實，10 倍或者 5 倍並不是關鍵，「十倍理論」關鍵要義在於新產品和服務帶來的感受提升必須要非常明顯，要讓使用者能夠深刻和直接地感受到前後的差距。比如，有一個「800 公里以內高鐵對民航產業造成了衝擊」的說法，指的是 800 公里內的旅程，不少旅客會傾向於選擇高鐵出行。因為雖然飛機速度快，但高鐵速度快、發車頻率高、站點通常市區、候車時間短、檢票等手續簡單等特色，極大地提升了中短途旅行的體驗。而在長途旅行中，由於涉及過夜、轉車或無法到達等問題，高鐵出行就不具有優勢了，這時候旅客會選擇飛機出行。

因此，創業者在選擇領域的時候，不妨思考一下，這個想法在哪些方面能夠提供「10 倍」的優勢，讓使用者明顯感覺到使用經驗上的提升。比如，生成式 AI 帶動的繪圖應用的崛起，正是由於繪圖應用只需要輸入指令，不再需要手動畫圖，大幅降低了創作門檻和提升了創作的速度。這項「10 倍」使用者體驗的提升對於從業人員、美術專業的學生和毫無基礎的普通人來說都具備吸引力，對比普通的繪圖軟體，擴大了受眾面。

但是這裡又涉及一個問題，由於類似於生成式 AI 繪圖或是相關的領域已經有不少玩家了，那麼該如何避免成為熱潮中的

陪跑者？

確定是創業而不是跟風。過去幾年裡，我們已經見證過很多熱潮過後的一地雞毛，從市場的角度來看，在充分競爭的市場中，優勝劣汰留下具有關鍵競爭力的公司，這是很好的事情。但從創業者的角度來看，自己的努力和奮鬥無疑成了黃粱一夢。

2016年前後的共享經濟熱潮，帶動了共享單車、共享汽車、共享行動電源、共享雨傘等各種新業態，但當熱度消退之後，大量企業倒閉、使用者租金無法退還，造成了不良社會影響。共享經濟的不成功，並非在於誤判消費者需求，實際上以共享單車為例的「解決出行最後一公里」的目標，是切合消費者外出需求的。共享經濟的問題主要在於：

- 成本控制不合理，未能形成規模效應。前期靠大量投放占據市場，但生產和管理成本並未因規模提升而降低，反而形成了巨大負擔。

- 盲目投入，無技術和業務情境沉澱，大量同質化產品和服務造成市場供過於求。所有人幾乎在同一時間入場，產品和服務也沒有額外的創新點，形成了無效的惡性競爭，資金投入無法有效轉為經濟效益。

- 缺乏長遠規劃，與城市管理政策衝突。以部分共享單車為例，大量單車無序停放，影響了市容和市民步行出行。後續難以管理且民眾觀感不好的情況下，大幅限制了業務的投放，因而缺乏資金的中小企業很容易被淘汰出局。

▪ 惡性競爭、管理能力跟不上，無法保證基本的使用者感受。一些共享單車自身車輛品質問題、管理團隊有限、無法及時維修等因素，造成使用者容易遇到已損壞的車輛，讓原本是解決問題的業務，變成了讓使用者「困擾」。

另外，部分共享經濟業務被認為是「偽需求」，或至少是需求量不夠大，比如共享行動電源。雖然時至今日，知名的共享行動電源企業仍然正常營運，但仍有不少問題，比如行動電源本身充電慢、部分共享行動電源不斷漲價、無法正常歸還等等。

如今生成式 AI 的創業熱潮也會引發大眾的擔心，盲目的跟風是否會造成類似共享經濟的結局。對於創業者而言，最基本的事情是確定創業，而不是跟風。所謂的確定自己是在創業，是要明確自己在做什麼、這件事能夠帶來多少價值，而這個價值裡面的部分是自己能夠掌握的。對於生成式 AI 領域的創業者來說，如果是選擇垂直領域，那麼首先應該考慮這件事是真實需求還是所謂的「偽需求」，以自身的能力能夠創造出多大的價值，並且創造的價值當中有多少是自己能夠掌握的。

比如，現在一些生成式 AI 新創已經呈現出「API 整合與應用」的模式，就是採用開源模型進行二次開發，但是本身並沒有技術或者業務門檻，可替代性強，產品的生命週期也有限，因此不具備長期投入和經營價值。這些項目被認為同質化程度比較高，**但其根本原因不在於開源問題，而是商業模式的問題。**

因此，創業者首先應當強化自身的知識體系和認知方法論，對商業模式、自身能力和願景有足夠的了解，而不是一味追求焦點。

技術＋投資兩手抓，
山姆・阿特曼的個人經歷可以複製嗎？

山姆・阿特曼（Samuel Altman）在創立 OpenAI 之前，有過創業和風險投資的經歷。他在史丹佛大學攻讀電腦科學兩年後，選擇了退學創業，於 2005 年創辦了 Loopt。Loopt 是一個以地理位置為核心的社交網路，能夠幫助人們根據自己的地理位置社交以及找到附近商店的優惠資訊等，也能幫助商家將行銷資訊傳送給附近的人。Loopt 在開辦之初就獲得了 YC 的天使輪投資，後又獲得紅杉資本、恩頤投資（New Enterprise Associates）領投的 A、B 輪融資。2012 年，阿爾特曼將公司以 4,300 萬美元出售給預付卡公司 Green Dot。

之後，阿爾特曼創辦了風投公司 Hydrazine Capital，主要投資於生命科學、特色食品、市場、大數據、醫療保健、消費者網路、企業軟體、網路連線硬體和教育產業。2014 年，阿爾特曼成為 YC 總裁。之後，他發表了一篇論文，呼籲能源、生物技術、人工智慧、機器人創業公司向 YC 申請，並將公司文化改造成更加極客的風格。同時，他推出了針對新創企業企業家的創業課程，幫助他們學習如何創業。在 2014 年史丹佛的一次課

程上，阿爾特曼將新創企業公司成功的要素歸因於「想法 × 產品 × 執行團隊 × 運氣，其中運氣是 0 到 10,000 之間的隨機數」。

2015 年，阿爾特曼和馬斯克等人一起創辦了 OpenAI，並在 2019 年正式辭去 YC 總裁一職，專心於 OpenAI 的事業。後來的事情大家都知道了，ChatGPT 成了全球最熱門的產品。

阿爾特曼成功的經驗，除了他自己提及的專注、自省、指數成長、改變世界的願景之外，還在於他既了解技術和業務，也對資本市場有足夠深度的觀察。在 2014 年擔任 YC 總裁之前，他在 YC 擔任了 3 年多的兼職合夥人。他自己不僅是連續創業者，還是投資人、企業管理者，這些經驗讓他具備了更長遠的眼光和洞察力。

阿爾特曼的個人經歷，對於廣大生成式 AI 領域的創業者來說，或許難以被模仿或複製，但可以視為一種參考思路，就是技術和資本兩手抓。阿爾特曼對技術的鑽研和沉澱自不必說，他在資本圈的多年經歷也讓他深諳融資之道。2023 年 4 月 28 日，OpenAI 完成了新的融資，首先是老虎全球管理、紅杉資本、加州 Andreessen Horowitz、紐約 Thrive、K2 Global 和 Founders Fund 等機構，以 3 億美元入場 OpenAI 新一輪融資，然後微軟也注資了 100 億美元。OpenAI 的發展需要長期的投入，因此充足的彈藥必不可少，未來將如何，我們可以拭目以待。

第三篇

生成式 AI 的未來展望與挑戰

第三篇　生成式 AI 的未來展望與挑戰

第十一章

生成式 AI 的未來趨勢與影響

隨著生成式 AI 技術與應用逐步「飛入尋常百姓家」,大家對其未來發展場景也越發好奇。在 2023 年舉行的開發者大會上,輝達的黃仁勳說「AI 的 iPhone 時刻」已然降臨。遙想十多年前賈伯斯釋出首款 iPhone,如同平地起驚雷一般轟動了整個手機產業,從此智慧型手機走入大眾視野,手機廠商甚至使用者習慣都隨 iPhone 而改變。當年蘋果還曾因為「試圖改變消費者」而備受爭議,而時間卻終究證明,先進的技術就像一把鑰匙,能幫人們開啟新世界的大門,只是需要有人來告訴我們,大門已在眼前。生成式 AI 或許就是給我們這把鑰匙,並把我們帶到門口的人。

毋庸置疑,未來生成式 AI 的技術將不斷進步。

大型模型百花齊放

ChatGPT 火爆全球以後，中國網友們開始熱議一個話題：「我們是否也需要類似 ChatGPT 這樣的應用？」答案當然是肯定的。原因有三：一是按照目前情況來看，ChatGPT 未對中國使用者開放，而其強大的功能卻已經證明了市場需求的存在，而且未來如果生成式 AI 的技術更加成熟，很容易成為對中國新的「卡脖子技術」；二是頭部大型模型幾乎都是以英語為母語來開發的，對中文的自然語言處理能力有待提升；三是大型模型不論是訓練過程還是正式上線，都會涉及大量的資料，其中資料安全的問題將成為潛在問題。如果中國的廠商開發出我們自己的大型模型，將能保證使用者體驗感、安全性和穩定性。

生成式 AI 未來的發展趨勢之一，必然是大型模型的百花齊放。這些大型模型可能會在商業化的過程中經歷大浪淘沙，部分參與者會退出舞臺，但剩下的大型模型將與更多生成式 AI 應用結合起來，展現出新的活力。

大廠商做法：大型模型 + 主營業務

大廠商在大型模型的開發和實踐方面具備了得天獨厚的優勢：多年的技術累積和成熟的技術團隊能夠為研發提供扎實的保障；多元化的主營業務是大型模型應用的試驗田和商業化推

廣的管道；海量的資料和客戶累積能夠為模型訓練提供更多回饋；充足的資金能夠支撐大型模型的訓練成本，同時承擔起研發期間無法盈利的機會成本；相較於科學研究院校和機構，大廠商對產業的了解更深入和透澈，也更能滿足效率、標準和成本控制要求。

很多時候大廠商面對各類專案，需要開發各種定製化的小型模型。每個模型開發都需要時間，並且都涉及資料清洗、資料增強、模型適配等重複性工作，因此對開發團隊的技術要求高。而且一旦在開發途中出現問題，可能需要推倒重來或進行大幅度調整，這樣就大大提升了開發成本。因此，大廠商們需要一種通用型的開發方式來解決這個問題，形成一種零件化、標準化和流程化的正規化。於是，大型模型的開發工作應運而生。

案例：華為的盤古大型模型

2020 年華為立項了盤古大型模型，旨在以華為雲為基礎，開發出能適配華為各項業務的 AI 模型。立項之初，團隊就確立了三項準則：一是可以處理大數據的大型模型；二是能夠發揮模型效能的網路結構；三是模型具備強大的泛化能力，也就是在各個場景都可以使用。在明確的技術開發策略下，多模態的預訓練大型模型能夠與機器視覺、自然語言處理、語音和電腦圖形等技術相結合，使模型在處理跨領域資料時更加高效準確。另外，盤古大型模型可以應用 AI 的方法解決科學計算問題，提升計算效率和精度，進一步推動 AI 技術在海洋、氣象、

製藥、能源等領域的應用。

作為一款生成式 AI 模型，華為盤古大型模型已經可以賦能一些產業。比如說「AI＋醫藥」，盤古大型模型能夠在藥物開發中發揮作用：透過「圖－序列不對稱條件自編碼器」架構，盤古大型模型能夠對藥物分子結構進行分析，形成量化結果；利用大數據訓練，模型掌握了超過 17 億種藥物分子的化學結構，能夠預測超過 80 種屬性，包括水溶性、吸收、代謝活性、排泄速率、毒性等。製藥產業最大的兩大痛點就是研發週期長及成本高，盤古大型模型的使用能夠解決這兩個問題。如果未來盤古大型模型在藥物研發方面的應用，能夠進一步成熟並與醫療設備相結合，就能推動更多醫療產業智慧化發展。

盤古大型模型還能用於智慧巡檢，比如為國網重慶永川供電公司提供智慧巡檢服務。由於該公司地處重慶西部，覆蓋了 45 座變電站、1611 公里輸電線路、5126 公里配電線路，人工巡檢任務量大、難度高。透過無人機智慧巡檢，公司能夠即時掌握輸電線路、變電站、配電線路等情況。

實踐經驗證明，盤古大型模型已經實現了從學術研發層到產業層的轉變，形成了「基礎大型模型 —— 產業大型模型 —— 細分場景大型模型」的發展路線，為各個大型模型產業化應用提供了良好的範例。

阿里達摩研究院的通義千問

2023 年 4 月 11 日，在阿里雲年度峰會上，阿里雲智慧技術長周靖人介紹了阿里自研大型模型「通義千問」。該模型支持多

輪對話、文案創作、邏輯推理、多模態理解、多語言支持。

會上播放了一段3分鐘的短片，展示了通義千問的具體功能，比如在辦公場合，智慧助理可以幫助使用者訂機票、酒店，規劃路線和打車，還能夠生成會議紀要、邀請函和海報等。在居家場合，使用者可以透過喊話智慧助理獲得小朋友寫故事的思路、大人運動健身的背景音樂和做菜建議等。在購物場合，使用者只需要簡單地提出需求，智慧助理就會自動生成相應的建議，並附上購物連結，比如18歲女生第一次化妝需要準備什麼，或者是為爺爺的80歲生日宴會策劃思路。這些應用展示了智慧助理在多種場景下的應用價值，可以大大提升使用者的生活和工作效率。

會上，阿里巴巴董事會主席張勇還宣布釘釘和天貓精靈將接入「通義千問」的人工智慧應用，該應用是阿里達摩院研發的大型模型，具備生成式AI功能用以輔助辦公。

比如在群聊中生成聊天摘要，幫助新入群的使用者了解背景資訊，以免大量資訊造成的遺漏，也可以透過對群聊資訊的檢測、分析，推斷出共同任務，生成待辦事項。同時，類似ChatGPT，通義千問也能夠生成工作計劃、提綱列表、工作日誌等文案，幫助同事們減少重複性工作。對於創意性文案，通義千問可以利用使用者拍照上傳，生成一些低程式碼的應用。最後，線上上會議中，通義千問可以幫助生成即時字幕，也可以幫助中途加入的同事了解之前講的內容，並將內容和人對應起來，還可以根據會議影片生成會議紀要。

釘釘和天貓精靈接入通義千問後，經過測試和評估，才會正式釋出相關功能。後續通義千問還會接入更多阿里的應用情境。雖然通義千問的實際效果還需要更多真實資訊回饋，但通義千問無疑代表了企業數位化升級的一種新方式──利用人工智慧內容生成的能力，減少自然人重複性的腦力工作，降低資訊傳遞和溝通的成本，從而將精力放在更多的人工智慧暫時無法取代的工作上。

通義千問是一款典型的大廠產品，其使用價值和產業價值與阿里業務生態息息相關。在「阿里全家桶」當中，通義千問不僅發揮升級功能的基礎性作用，還能推動業務商業化層面的變革。「通義千問是既定路線中的一個節點，不是起點，也不是終點。」周靖人說。

騰訊混元大型模型

混元是由騰訊開發的大型模型。2022年4月，騰訊首次對外公開該模型的研發進展。混元結合了電腦視覺（CV）、自然語言處理（NLP）和多模態理解能力。它在包括MSRVTT和MSVD在內的五個權威資料集榜單及三個CLUE（中文語言理解評測集合）排行榜中拔得頭籌，在CLUE測評中，還刷新了榜單紀錄，取得了80.888的高分。

2022年6月，混元在騰訊內部用於廣告投放業務，旨在「降本增效」。2023年2月，騰訊正式成立了「混元助手」專案組，將以混元模型為基礎，和騰訊公司內部的多個團隊合作，共同建立一種大規模的語言模型。目標是使用效能穩定的強化學習

演算法進行訓練，最終打造出騰訊智慧大助手。

事實上，騰訊在生成式 AI 上的布局思路非常清晰：以投資的方式布局人工智慧和雲基礎設施，以此為基礎將混元大型模型與騰訊既有的各項業務相融合，既可以提能增效，又可以創造新的盈利點。比如，現在的小程式是由程式設計師開發，以後可能用 AI 生成小程式，同時將人工智慧客服功能也融入進去，使用者就可以獲得更加智慧並且隨時能夠「秒回」的客戶服務。

360 打造大型模型產品矩陣「360 智腦」

2023 年 3 月 29 日，在 2023 數位安全與發展高峰論壇上，360 集團創始人周鴻禕介紹了 360AI，坦言目前還需要更多的訓練，未來 360AI 將以自身的搜尋業務為應用來接入更多場景。

周鴻禕用小孩學說話的過程來比喻 AI 的訓練，當孩子牙牙學語的時候難免經歷一個不理解語句意思，只能「胡說八道」的過程，而當他逐漸長大擁有了思考能力的時候，他就會知道自己在說什麼。同時，他解釋了生成式 AI 和搜尋的本質區別，搜尋是「找資料」的過程，所有的資訊都是已有的，只需要蒐集、有序，而生成式更類似於人類的大腦，能夠聯想，具備思考能力。

商湯科技「日日新」

2023 年 4 月 10 日，商湯科技在技術交流日活動上公布了「大型模型＋大算力」的 AGI 發展策略下的「日日新 SenseNova」大型模型體系，並現場展示了其內容生成、影像生成、自動以模型訓練、數位人影片生成等功能。其中商湯的大語言模型「商

量」具備多輪對話和超長文字理解能力,「程式設計助手」能夠幫助程式設計師高效程式設計,文生圖工具「秒畫」能夠在使用者輸入相關主題的文字後,快速生成對應主題的圖片。而數位人生成平臺「如影」則可以透過真人影片創作相關內容,比如 AI 換裝、AI 文案一鍵生成等。目前,商湯科技的「日日新 SenseNova」大型模型體系只面向合作夥伴開放,暫未推出個人使用者版本。

目前,這些大廠商已經如火如荼地投入大型模型工作中,從企業策略的角度來看,以大廠商主營業務為依託開發大型模型,既可以擴展已有業務場景,提升自身競爭力,又可以提前「搶占山頭」,布局大型模型未來的商業機會。

大型模型創業:新的參與者們

2023 年,知名企業家、連續創業者王慧文和王小川分別宣布將涉足大型模型領域創業,由此引發了熱議。

2023 年 4 月 6 日,搜狐大廈光年之外辦公室門口,擺放著幾個花籃,昭示著一家新的公司正式誕生。這家公司的創始人王慧文曾經在如今的商業大廠美團的發展史上扮演著重要角色。當時王興已經多次創業,在關掉了飯否後創立了美團。當王慧文收到王興的邀約時,他放棄了自己當時的創業公司,選擇加入美團,連期權、股份之類的細節都沒有問。在很長時間內,王慧文的大眾印象是美團二把手、美團的功臣之一,但他

也是個很愛「折騰」的人。2020 年，官宣從美團離職後，王慧文並沒有閒著，而且開啟了新探索。終於，他等到了這個機會。

「我的人工智慧宣言：5000 萬美元，帶資入組，不在意職位、薪資和 title。求組隊。」他在朋友圈裡釋出了一條英雄帖，新的征程就此開啟。在招兵買馬上，王慧文稱光年之外將拿出 75％的股份用於吸納優秀人才。目前，搜狗輸入法之父馬占凱、前智源研究院副院長劉江都官宣加入。為了進一步提升技術能力，光年之外還以收購為主要打法，目前正在接觸新創企業公司深言科技。該公司是由清華大學自然語言處理實驗室（THUNLP）和北京智源人工智慧研究院（BAAI）孵化，主創團隊均有清華背景。目前深言科技的 WantWords、WantQuotes 等產品已有數百萬使用者。此外，除了光年之外，還對一流科技、面壁智慧等公司也表達了意向，後者表示更希望獨立發展。

同樣在 2023 年 4 月，搜狗創始人、前 CEO 王小川官宣成立大語言模型公司百川智慧。相較於光年之外的 2 億多美元的投資（王慧文個人投資及 VC 機構認購），百川智慧顯得彈藥不那麼充足，但百川智慧在 AI 技術方面被認為是有一定的沉澱和累積，這主要與創始人王小川的創業經歷有關。

在搜狗時期，王小川團隊就注重 AI 技術的開發和應用，除了輸入法、搜尋引擎、瀏覽器等搜狗主要產品，2016 年搜狗推出基於神經網路的即時機器翻譯技術，2018 年又推出全球首個全模擬智慧 AI 主持人。而對於不斷疊代的輸入法，搜狗在 2019

年推出的搜狗輸入法 10.0 版本中，推出了以 AI 為基礎的「AI 逐字校對」、「AI 長句預測」，將使用者的平均輸入速度提升了 30%。可以說，王小川和搜狗團隊本身就具備人工智慧的基因。

王小川對百川智慧的業務定位是「兩條腿走路」，即同時做好通用大型模型和垂直類應用大型模型的工作。在談到業務場景的時候，王小川說：「什麼產業技術密集，什麼產業就是適合大型模型首先進入的場景。」百川智慧將搭建好大型模型底座，在搜尋、多模態、教育、醫療等方面不斷增強，為社會大眾提供知識和專業服務。

大型模型創業主要有兩類：一類是以技術底座為方向的通用大型模型，另一類則是以應用為導向的垂直類模型。現在普遍認為通用大型模型更適用於大型企業內部的二次創業，比如前文中列舉的各企業都在自主研發，而創業者們可能更適合垂直類模型的開發。但未來是否如此呢，我們無法判斷，但可以肯定的是，對於這些理想主義者，我們應當給予尊重。就像王小川在公開信裡寫的那樣：「通用人工智慧時代剛剛開啟，我們作為第一批跨入新時代的人類，帶著焦慮和好奇去擁抱它，思考和探索『我是誰』，我們還可以把自己的智慧注入它，做新時代的開創者，讓後代們有一個更美好的未來，繁榮和延續人類文明。」

第十一章　生成式 AI 的未來趨勢與影響

未來趨勢：AGI 時代的到來

生成式 AI 發展新趨勢

以目前的生成式 AI 技術來看，AI 成長需要延續深度神經網路的機器學習，也就是如同 ChatGPT 一樣，在人們不斷更新的資料中「不斷成長」。但是這種方式不僅成本高昂，而且對算力需求大，產生的碳排放也是驚人的。以 ChatGPT 為例，官方沒有公開的準確資料，但是據第三方機構估算，ChatGPT 部分訓練消耗了 1287 兆瓦時的電力，並導致了超過 550 噸的二氧化碳排放 [02]。

一家 AI 新創企業公司 Hugging Face 對自家的大型模型 BLOOM 進行了測試。BLOOM 有 1,760 億參數，研究人員使用 CodeCarbon 的軟體工具進行了 18 天的測量，發現產生了 25 噸的二氧化碳排放，而他們將設備製造部分產生的碳排放也考慮進去後，這個數字是 50 噸，相當於在紐約和倫敦之間坐飛機往返 60 次。據猜想，全球科技產業占全球溫室氣體排放量的 1.8% 至 3.9%，其中 AI 模型訓練產生的碳排放目前並不是科技產業中碳排放的主要來源，但是在未來的發展中，碳排放的問題將日益顯著。

因此，生成式 AI 技術發展路線之一，就是找到一種能夠

---

[02]　https://36kr.com/p/2159458032148484。

降低能源消耗的發展方式。科技巨頭 Google 也留意到大型模型碳排放的問題，它們對此展開了研究，並發表論文 *The Carbon Footprint of Machine Learning Training Will Plateau, Then Shrink*，提出了四種降低能耗的方法（4Ms）：

- 改良模型架構。
- 改良機器的處理器和系統。
- 部署雲端運算，減少本地部署。
- 地圖升級，讓客戶選擇清潔能源的地點。

除了低碳化的發展趨勢外，未來生成式 AI 還將衍生出新的訓練方式。史丹佛大學最近用大約 600 美元的成本「克隆」出了 ChatGPT AI。這是如何做到的呢？首先，史丹佛大學的科學家們對 GPT 進行了微調，並使用 API 來讓 175 個人工編寫的指令生成更多內容，一次輸出 20 個結果，科學家們在很短的時間內就收集了 52,000 個樣本對話。然後使用 Meta 公司的開源大語言模型 LLaMa 進行後期訓練，依靠 8 臺 80-GB A100 雲處理電腦，他們在 3 個小時內就完成了訓練，總共花費約 600 美元。

雖然某種程度上，史丹佛大學團隊的模型並不是完全的「原創」，但他們為未來的生成式 AI 應用商提供了一個思路——當大家都在原創大型模型的時候，是否能夠透過「開源＋微調」的方式形成適合自己需要的模型？未來是否可以透過這種方式，降低成本、改善分工，讓基礎技術公司負責大型模型的開發和

訓練，而應用層的公司則進行評測、微調、二次開發及商業化應用？甚至連中間過程都可以外包給第三方，應用層的公司只需要負責商業應用層面的事務。

在此我們可以暢想一下，未來圍繞生成式 AI 會形成更加完善和明確的產業鏈，就好像飛機製造產業鏈全球化一樣，每個國家和地區都只負責其中一部分零件的供應，最終零件運送到總生產線進行組裝，組裝完成後還需要工程師偵錯和評估，後續的服務工作也由專業團隊負責。未來大型模型將由固定公司負責，它們可以透過專業化分工，將各個環節細分和改善，不同公司只負責其中一部分，而不是 All-in。

現在一些網路頭部企業選擇「All-in AI」的策略，更多的是從現在的實際情況出發，技術尚未成熟、應用情境未完全實現，可以先入場跑馬圈地。但是當未來 AI 滲透率越來越高，應用情境越來越細緻的時候，單個公司很難繼續「All-in AI」，只能是深入一部分垂直領域，加上投資、併購等方式來盡可能覆蓋更多業務場景。而整體的大趨勢是以底層的大型模型為基礎，形成更加完整的產業鏈和更加細緻的分工。

奇點臨近：強人工智慧時代的真正來臨

在 ChatGPT 的熱潮之下，「強人工智慧」開始讓人們心潮澎湃，甚至有人想著，我們是不是已經到了這個階段。但客觀來說，我們目前所有的生成式 AI，本質上離強人工智慧還很遠，

因為它的成長仍然依靠人工不斷地「投餵」資料。我們期待的強人工智慧，也就是 AGI（Artificial General Intelligence，通用人工智慧），它具有自主思考能力、能自己分析和判斷事物發展走向，擁有自主學習意識和能力，能夠真正幫助人們解決實際問題、讓社會變得更加快捷。比如在銀行開展接待工作的機器人，它們可以像大堂經理一樣完全解決人們的問題，並且不需要下班，也不需要吃飯。當客戶投訴機器人之後，它能根據以往的經驗進行反思，知道下一次該如何改進工作，而不再需要人工調整模型。

生成式 AI 的普及，是我們通向強人工智慧的必經之路，雖然從技術上我們距離真正的強人工智慧還有很長的路要走，但技術更迭的速度已經在變快。美國的未來學家雷·庫茲韋爾在《奇點臨近》中使用了一個比喻：一個魚塘主人為了確保魚群能正常生活，觀察了湖面浮萍的生長速度，因為浮萍的生長速度會不斷翻倍。此人觀察了一陣，發現浮萍只占據了湖面很少部分，並不會影響魚群生長，於是外出度假。可是當他回來之後，發現湖面滿是浮萍，魚群也已經全部死亡。這就是所謂的「指數級成長」，或稱之為「加速回報定律」。

所謂的「奇點」，就是技術發展和社會進步到一定程度的一種狀態。由於具體技術和資料以指數級的方式成長，雖然技術進步的速度不會是無限的，但當跨越某種臨界點時，技術會形成爆炸式的成長。這種新的成長，也許會徹底改變人類的社會

經濟結構、歷史程式，幫助人類跨越生物學上的局限性，突破人與機器的隔閡、物理世界與虛擬空間的界限。

庫茲韋爾對人工智慧、資訊科技、生物和基因等多個學科進行了研究，並對強人工智慧時代進行了預測：

- 資訊科技動力（性價比、速度、容量以及頻寬）正在以指數級速度遞增，幾乎每年都要翻一番。
- 2010 年，人類將使用超級電腦模擬人類智慧，2020 年實現硬體設備模擬人類智慧。
- 到 2025 年，人類將會成功地逆向設計出人腦。到 21 世紀 20 年代末，電腦將具備相等於人類智慧水準的能力。2045 年出現「奇點」時刻，非生物智慧將全面出現。
- 到 21 世紀末期，電腦將通過圖靈機測試，生物智慧和機器智慧將形成融合。

儘管現在看來庫茲韋爾的預測過於樂觀，但 AGI 掌握學習能力、結合人類的生物學特徵，基本上是人工智慧未來發展共同的願景。

腦機接口：AI 與生物體的結合

AI 還將朝著「類人腦智慧」方向發展，未來生成式 AI 的運作會更加接近於人類大腦，具備邏輯推導能力和更好的表達輸出能力。傳統 AI 的神經網路學習訓練方式存在著幾點局限性：

①需要的資料量大,並且需要持續不斷地輸入資料;② AI 的進步高度依賴「訓練」,就像是一個被父母教育了才會寫作業的「學渣」;③ AI 的感知能力有限,比如對文字的理解僅限於字面意思,邏輯推理能力不足,所以解決問題的能力僅限於它學習過的內容,沒接觸過的內容只能等待新的訓練。

因此,類人腦智慧是我們所希望的新發展方向。類人腦智慧的發展主要從四個層面開展:

- 基礎理論層:研究人類大腦的執行機制和功能結構。
- 硬體層:非馮·諾依曼架構的類腦晶片,如脈衝神經網路晶片、憶阻器、憶容器、憶感器等。
- 軟體層:核心演算法和通用技術,核心演算法主要是弱監督學習和無監督學習(機器學習)機制,通用技術主要包括視覺感知、聽覺感知、多模態融合感知、自然語言理解、推理決策等。
- 產品層:類人腦智慧硬軟體結合最終形成的產品,包括腦機接口、腦控設備、神經接口、智慧假體、類腦電腦和類腦機器人等。

想像一下,未來我們想學習一門新的課程,不再需要大量看書、聽課,只需要往腦袋上接入一個線纜,就能將知識「匯入」到腦海當中;我們玩遊戲,也不再需要動手操作滑鼠,而是可以透過穿戴式裝置,用意識去操作。腦機接口是未來人類獲

取資訊的方式，透過物理設備（顱內設備或穿戴式裝置）將 AI 與人類自然的智慧連結起來，生成式 AI 產生的內容會直接與大腦打通，從而打通人與機器之間的最後一道防線。

腦機接口能夠幫助人類突破現在無法完成的事情。比如，未來我們利用腦機接口，幫助殘障人士安裝義肢，義肢會與他的大腦相連，這樣一來，殘障人士不僅能夠走路甚至完全恢復運動能力，而且具有正常肢體的感知能力。同樣的道理，未來 AI 還可以幫助老年人恢復行動能力，幫助失明者重見光明，幫助失聰者重新聽見聲音。

人類精神世界的變化

AGI 對人類認知的衝擊

AGI 的到來將對人類現有的知識體系造成全方面的衝擊，也可以認為是新的改造升級。這也是為什麼創業者們對當下的生成式 AI 抱有前所未有的熱情和期待，雖然誰也不能給出確定的結論，但我們期待的奇點，已經來臨。

在電腦領域，現在的 GPT-4 在 Leetcode 上的程式設計題目上已經能夠達到人類程式設計師的水準，那麼當 AGI 真正到來之時，是否能徹底顛覆目前的電腦科學教育？現在我們培育一個優秀的程式設計師可能需要本科或者碩士學歷教育，那麼未

來程式設計師的門檻是否會大幅降低?現在的電腦專業教育,包括資料管理、軟體工程、網路運維、資料分析等相關領域,未來是否還存在?我們目前不得而知,但可以肯定的是,程式設計師從在校教育到職業規劃、發展路線都將發生翻天覆地的變化。

在心理學方面,我們常常吐槽現在的 AI 如同「人工智障」,不解風情也無價值觀,但是在 AGI 真正到來之際,AI 是否能掌握心理學知識,從而產生人的同理心和共情能力?在 360 介紹自家 AI 的時候,周鴻禕曾經開了個玩笑,說 AI 能夠理解領導在會上說的「我還要再講十分鐘」意味著什麼,說明它已經有了情商。當然,他也解釋說現在的生成式 AI 可能是透過某些公司的員工手冊作為訓練素材,從而掌握應對領導的方法。那麼在未來,AI 是否能產生原生的情商呢?如果可以,那麼人類的心理學教育或許也將發生改變,可能以後的心理諮商師都由 AI 來擔任,也可能以後不是機器來學習人類的心理,而是我們去學習「人工智慧心理學」。

在管理學方面,顯然 AGI 會讓機器人成為新的社會主體,那麼從商業管理到社會治理的方式都將產生變化。我們現在學習的管理學,都是以自然人類為中心,透過組織架構、人員的配置方式來增強企業的凝聚力和執行力,從而實現商業價值和資源的最佳配置。但在 AGI 時代,我們可能要學習的是如何控制和管理 AI 資源,配置機器人的能力,從而讓商業乃至整個社

會高效有序地執行。當然，那時候如果 AI 產生了真正的自我意識，可能會不再服從人類的管理，會產生新的問題。這也是為什麼伊隆‧馬斯克說「人工智慧會比核武器還要危險」。

賽博龐克文化浪潮

恩斯特‧克萊恩的暢銷小說《一級玩家》裡描述了「綠洲」的世界（該小說後被史蒂芬史匹柏拍成同名電影）。「綠洲」中人們可以享受公共教育，在現實生活中貧窮的男主角韋德寄人籬下，還上不起學，而在「綠洲」他到虛擬學校讀書、認字並了解他自己出生之前的世界。現實世界專科門的通訊營運公司 IOI 來提供綠洲的基礎網路服務，並設計和銷售「綠洲」中的商品，還可以僱人來幫自己做事 —— 尋找建立者哈利迪留下的三把鑰匙，從而獲得掌握整個虛擬世界的權力。男主角韋德在「綠洲」中也參與了尋找鑰匙的歷險，他和同伴們一起克服重重困難，最終戰勝了競爭對手，拿到了鑰匙，也獲得了愛人的青睞。但他最後說道：「那一刻，我生平首次有了這樣的感覺：我再也不想回綠洲了。」韋德他們在週二和週四關閉「綠洲」，讓更多人回歸現實生活。

AGI 時代的到來，不僅是技術進步的過程，也是科技推動人文關懷的過程，所有技術搭建起來的平臺、空間，最終要幫助我們找回自我，這是人類透過科技思考生命的過程，也是人類想像不斷施展的過程。

關於科技和未來的想像,我們可以用「賽博龐克」這個詞來形容。賽博龐克英文為「Cyberpunk」。「Cyber」來自「控制論」(Cybernetics);「punk」是「龐克」,最早來源於 1960 年代的一種搖滾樂,代表著一種獨立的精神核心。「賽博龐克」一詞來自小說家布魯斯・貝思克的短篇小說,作者的原意是創造一個詞來表達高科技與創新精神的融合,於是「賽博龐克」這個詞誕生了,後來逐漸形成了文學藝術風格,也可以用來表達人的精神需求。

1984 年,威廉・吉布森的科幻小說《神經喚術士》塑造了一個非常具體的賽博龐克空間。在這個故事中,人們透過神經讓意識連入網路,並在虛擬空間中活動。主角凱斯被注射了毒素導致他無法再接入電腦網路,成為一個被社會遺棄的人。某天,他接受了任務,去入侵一個強大的電腦系統。為了實現這個目標,凱斯需要入侵一個名為「母體」(The Matrix)的虛擬網路,並從中盜取一份極為重要的檔案。但是,在這個過程中遇到了各種困難,最終他成功完成任務,並回到了現實生活中。

在這個宏大的敘事中,威廉・吉布森思考了很多問題。從後現代人類社會的治理,到人類神經與網路的融合,從人工智慧的犯罪問題,到人類對人工智慧控制的反抗。小說中的虛擬世界像是一個烏托邦,是人們精神世界的彼岸,表達的是對人類未來的好奇以及對人工智慧世界的某種隱憂。

後來,出現了一批與賽博龐克相關的影視或遊戲作品,比

如《銀翼殺手2049》、《一級玩家》、《艾莉塔：戰鬥天使》、《愛、死、機器人》和遊戲《電馭叛客2077》，賽博龐克開始以一種審美方式占領人們的心智。威廉・吉布森曾用「高階科技，低質生活」（high tech，low life）來形容賽博龐克文化。

有人認為賽博龐克表達的是對科技和人類未來的悲觀預測，因為在賽博龐克的故事中，人們總在和自己創造出來的機器博弈。而另外一些人則認為，賽博龐克表達的是新時代的人文精神和自我表達。但實際上賽博龐克是一種哲學，或是一種新的文化形態，是科技快速發展下人類精神核心的變化，是一種思考，也是一種迷茫。

就像在古時候人們將「天」作為萬事萬物的主宰，然後思考人是否能勝過天的問題，古往今來人們對自己命運的思考從未停止過。

教育核心的改變

AGI時代對人的精神塑造的關鍵途徑在於教育。人類的教育方式隨著歷史社會的環境而變化，總體上順應不同時代的發展要求。在歷史上的普魯士王國時期，德國的教育家威廉・馮・洪堡曾指出，當時按照貴族、騎士和普通民眾分等級的教育，不利於社會的發展。他推動了德國的教育改革，建立了以「裴斯泰洛齊教學法」為基礎的小學教育，形成了初等教育、中等教育和高等教育三級教育體系。裴斯泰洛齊教學法是遵循自

然的方法簡化教育，讓人的才能的培育與自然相一致。後來俾斯麥任職期間，德意志帝國發表了《一般教育規定》，明確了教育管理體系。

後來的教育家和心理學家們則從人的角度，提出了新的教育理念。赫爾巴特認為教育應該從人的心理出發，透過人的興趣來設計課程，激發學生追求和探索知識的內在動力，並且提出了「了解、聯想、系統、方法」的教學方法。

後來著名實驗「巴夫洛夫的狗」，讓人們想要探尋行為和學習的關係。心理學家愛德華‧李‧桑代克在此基礎上對動物進行了實驗，這就是著名的「餓貓實驗」：將飢餓的貓關在籠子當中，並提供幾種不同的方式使其能夠開啟籠子門。第一次被關進去，貓無法逃脫，只能著急地胡亂掙扎，但漸漸地它發現了開門的方法。桑代克則再次將其放回去，觀察它再次逃脫的時間，反反覆覆，記錄下每次逃脫的時間，從而得到了貓的學習曲線。桑代克將對貓的行為的觀察結果延伸到了人身上，認為人類具備更強的學習能力，但學習也應當遵循本能，透過刺激反應來強化學習效果。

斯金納發展了巴夫洛夫和桑代克的條件反射研究，以鴿子和老鼠為對象，進行長期觀察實驗，提出了「及時強化」的概念。老師在其中充當引導者和設計者的角色，透過將任務拆解，讓學生們以操作性條件反射逐一強化。

第十一章　生成式 AI 的未來趨勢與影響

透過一代代教育家和心理學家的觀察和創新，現代的教育理念逐漸形成。每個時期的教育理念都與歷史背景息息相關，並推動了社會進步。德意志帝國依靠教育改革，形成了統一的、嚴苛的普適性教育，培育出忠順而勇於戰鬥的國民，極大地增強了國力。而斯金納的教育理論則適應了工業化社會的需求：具備標準化知識水準、專注於執行的人才。在當時，這樣的教育方式能夠快速解決工業生產得標準化人才緊缺的問題。換句話說，當時也只需要這樣的「工具人」。

但到了數位時代，這樣的教育方式則不再具有現實意義，反而是對人的異化。強調高度統一的模板式教育方式，磨滅了人的創造性、個人興趣和性格特點，不適應當今高度多元化的社會。我們在前文已經探討過，目前的線上教育存在的根本問題，是網路平臺僅僅作為工具而存在，並沒有改變教育方式、教學內容、教育理念以及人的整體發展觀。

在智慧時代，一切都應該變化。生成式 AI 帶來了具有融合性的教育觀，比如 STEAM。STEAM 指的是「Science（科學）、Technology（技術）、Engineering（工程）、Arts（藝術）、Mathematics（數學）」。這個教育觀強調的不是單一的學科教育，而是對人的綜合培育，人的學習應當打破學科的界限，真正地去認識世界和了解世界。

在未來 AGI 時代，教育方式和理念將會進一步發生改變。

未來可能在課堂上講課的不是人類老師,而是機器人,也可能如同《一級玩家》裡面一樣,大家到虛擬空間中上學,而不再是物理空間。我們除了要學習現在的自然科學和人文科學之外,還需要學習如何在賽博龐克空間生活。

第十二章
AI 監管、倫理與社會挑戰

人工智慧倫理與政策

資料安全

生成式 AI 的發展熱潮，引發了人們的全面思考，其中一個重要問題就是資料安全問題。2023 年 3 月 11 日，三星半導體事業暨裝置解決方案部門（Device Solutions，DS）發生了三起機密洩漏事件。其中一名員工將原始程式碼輸入，請 AI 給出解決辦法；另一名員工為了解良品率等資訊，將程式碼輸入 ChatGPT，讓其改進；還有一人則利用 ChatGPT 將會議紀要轉寫成 PPT，但此紀要為三星內部檔案，包括不公開內容。

此事件引發了一系列爭議，三星的擔憂在於將程式碼和內部資訊輸入 ChatGPT 中，其他使用者是否能搜尋到，或以其他方式獲取到。而一些媒體則認為，三星的資料已傳輸至 OpenAI 的伺服器上，OpenAI 不論出於道德或商業考慮，都不應當洩漏三星機密。但目前的困難點在於，三星無法要求 OpenAI 對相關

資料予以保護或刪除，對於其爭議，目前也尚無可以參考的法律條文。

2023 年 3 月 31 日，義大利宣布禁止使用 ChatGPT，並限制 OpenAI 公司對當地使用者資料的處理。義大利當局認為，ChatGPT 違反《一般資料保護規則》(*GDPR*) 和義大利本國的個人資料保護法。義大利個人資料監管局 (GPDP) 指出，ChatGPT 沒有對收集使用者資訊的動作進行明確的告知，同時對使用者資料的處理也可能與真實資訊不符，而且 ChatGPT 沒有對使用者年齡進行明確的規範或限制。2023 年 4 月 28 日，義大利恢復了 ChatGPT 的使用，但是加強了限制，要求增加對未成年人的年齡驗證，使用者必須年滿十八歲或者十三歲以上並獲得監護人同意。

歐美多國也對 ChatGPT 展開調查。2023 年 4 月 4 日，加拿大隱私委員辦公室 (OPC) 宣布將對 OpenAI 進行調查，認為「OpenAI 未經同意收集、使用和披露個人資訊」。2023 年 4 月 13 日，法國資訊自由委員會 (CNIL) 決定針對 ChatGPT 的 5 項指控進行調查。歐洲資料保護委員會也成立工作組，推動相關工作的進行。同一天，西班牙國家資料保護局也宣布對 ChatGPT 展開調查。

不僅如此，多個公司也對員工進行了提醒：微軟要求員工與 AI 聊天機器人對話時，不要輸入敏感資訊。亞馬遜也對此做出了類似的警告。一名亞馬遜的律師表示，ChatGPT 可能會生

成類似於公司機密文件的內容。

關於 ChatGPT 的爭議,代表了生成式 AI 目前面臨的主要問題,而且隨著人工智慧更加「類人腦」,前置訓練的資料量暴增,此類爭議可能會進一步增加。生成式 AI 的資料安全問題主要有以下幾個層面:

- 前置訓練模型來源的合法性。
- 資料來源的合法性。
- 資料用途的合法性(使用者是否知悉自己的資訊被用作 AI 語言模型訓練,AI 是否能有效辨識使用者的個人資訊並加以保護)。

在前置訓練階段,生成式 AI 的相關應用必須提前告知使用者基本責任,確定使用者知悉並同意相關流程。在資料來源方面,生成式 AI 的資料來源主要包括:①蒐集物理世界中的資訊並形成網路資料;②蒐集網路資料;③資料交易。因此,未來對資料的規範需要從三方面入手。針對物理世界的資訊蒐集,需要完善的法律流程,並確認當事人知悉並同意;針對蒐集網路資料,如果是完全公開的資訊,則沒有侵犯隱私的問題,如果是利用爬蟲技術蒐集資料,則友一定法律風險,應用方應當主動規避。在資料交易階段,有以下幾個常見的問題跟處理辦法,見圖 12.1。

AI 管理關鍵問題
- 前置訓練模型來源的合法性
- 資料來源的合法性
- 資料用途的合法性

應對方式
- 2023年3月11日，三星三起員工資訊洩漏事件
- 2023年3月31日，義大利官方宣布禁止使用ChatGPT（4月已恢復）
- 歐美其他國家根據各國法規進行調查：法國、西班牙、加拿大
- 部分企業對員工提出警告，如亞馬遜

圖 12.1　全球 AI 合法性問題小結

生成式 AI 內容釋出與監管

隨著大型模型訓練的不斷改良和加強，當生成式 AI 擁有了更強大的資料處理能力時，在內容輸出上則面臨新的挑戰——智慧財產權問題。智慧財產權是自然人、法人或其他組織對人類用智慧創作成果依法享有的專有權利，一般分為兩類：一類是工業產權，包括專利、商標、禁止不正當競爭、商業祕密、地理標誌等；另一類是版權（即著作權），包括文學、藝術和科學作品，諸如小說、詩歌、戲劇、電影、音樂、歌曲、美術、攝影、雕塑、產品設計圖、建築外觀、電腦軟體等。因此，生成式 AI 生成的內容和智慧財產權大部分標的內容均相關。

第十二章　AI 監管、倫理與社會挑戰

2023 年，美國藝術家 Kristina Kashtanova 為自己的漫畫作品《黎明的曙光》(*Zarya of the Dawn*) 申請版權註冊並獲得通過。但隨後美國著作權局知悉該作品有部分內容由 AI 生成（我們前文介紹過的 Midjourney），因此對其版權註冊提出了異議。美國著作權局認為，版權保護的範圍應當是人類的知識勞動成果，而 AI 生成的內容並非由她個人創作，因此應重新處理版權註冊。但 Kashtanova 的律師提出：①該作品整體上由藝術家本人創作完成，Midjourney 僅充當輔助工具；②至少本作品的部分內容仍符合註冊要求。2023 年 2 月 21 日，在經過多輪溝通後，美國著作權局做出決定，重新註冊漫畫的版權。新的版權將縮小保護範圍，不包括 Midjourney 生成的內容。[03] 見圖 12.2。

United States Copyright Office
Library of Congress · 101 Independence Avenue SE · Washington DC 20559-6000 ·
www.copyright.gov

February 21, 2023

Van Lindberg
Taylor English Duma LLP
21750 Hardy Oak Boulevard #102
San Antonio, TX 78258

Previous Correspondence ID: 1-5GB561K

Re:　Zarya of the Dawn (Registration # VAu001480196)

圖 12.2　美國著作權局對《黎明的曙光》的回覆函

---

[03]　https://www.copyright.gov/docs/zarya-of-the-dawn.pdf

2023 年 3 月 16 日，美國發表了《版權登記指南：包含人工智慧生成素材的作品》(*Copyright Registration Guidance: Works Containing Material Generated by Artificial Intelligence*) [04]，對涉及生成式 AI 的部分做了相關解釋：

- 版權保護「作者」必須是人類作者。
- 涉及 AI 作為輔助技術工具的，必須判斷作品是否出自人類作者，並且其中的關鍵元素由人類作者構思而成。
- 對於包括 AI 生成的要素的作品，要考慮該作品是 AI「機械複製」(mechanical reproduction) 的產物，還是屬於人類作者「自己的原始精神理念」(own original mental conception)。
- 作品是否會獲得註冊取決於實際情況，主要是考慮 AI 在其中的使用方式。如果作品均由 AI 生產，而缺少人類作者的部分，則不會通過註冊。
- 使用 AI 創作的作品，可以申請版權註冊，但作者有義務披露作品中包含 AI 生成的內容，並且說明人類創作的部分，為這部分申請版權。
- 針對（此文件釋出之前）已提交的版權註冊中，含 AI 生成的部分，應當補充註冊，來保證作品的合法性。

在這個議題上，英國政府的處理方式則不同，對於涉及 AI

---

[04] https://www.federalregister.gov/documents/2023/03/16/2023-05321/copyrightregistration-guidance-works-containing-material-generated-by-artificial-intelligence

的作品，它將其分為三類：

- 無人類作者的電腦生成作品（Computer-Generated Works，CGWs）的版權保護。
- 文字和資料探勘（Text and Data Mining，TDM）內容的版權許可。
- 人工智慧發明專利。

但英國政府認為，人工智慧技術目前尚處在早期階段，沒有證據證明保護 CGWs 的版權有害，因此當局不會修改專利法。但是會對法律進行不斷審查，未來可能會修改、替換或取消此方面的保護。

美國和英國目前的做法，代表了兩種生成式 AI 版權管理思路：一種是分辨人類創作部分和 AI 創作部分，並依法保護人類版權，不保護 AI 生產內容的版權。另一種是關注但暫時不採取行動，未來根據實際情況來修改法律。兩種做法實際上都有其現實意義和客觀考量，但是我們由此也能看出生成式 AI 版權監管上的難題：

- 如何區分人類和 AI 創作的內容？可量化的技術邊界目前尚未產生，只能依靠作者本人申報，法律實務上難度高。
- 生成式 AI 國際標準、產業標準尚未建立，各國、地區對生成式 AI 的認知和行政管理也處於早期探索階段。在未來的實踐中，或許會有新的問題產生。

案例：憤怒的藝術家 [05]

波蘭藝術家 Greg Rutkowskii 擅長用古典繪畫風格創作奇幻風景，他曾經為索尼的《地平線西域禁地》，育碧（Ubisoft）的《美麗新世界》(*Anno*)、《龍與地下城》(*Dungeons & Dragons*)、《魔法風雲會》(*Magic: The Gathering*) 等知名遊戲提供插畫作品。在 AI 繪圖技術興起後，他也成為 AI 作品的重要「素材庫」，因為他成了 Stable Diffusion（SD）常用 Prompt（指令詞）之一，而 SD 生成的作品與他個人畫作風格有相似之處。見圖 12.3。

圖 12.3　新聞報導對藝術家及 AI 生成作品的對比

根據 SD 引擎追蹤網站 Lexica 的資料，該作者的名字作為指令詞已經超過 9 萬次，歷史上知名畫家，比如米開朗基羅（Michelangelo）、畢卡索（Pablo Picasso）和達文西等（Leonardo da Vinci）人，被提及次數在 2,000 次上下。而在

---

[05] https://www.technologyreview.com/2022/09/16/1059598/this-artist-is-dominatingai-generated-art-and-hes-not-hAppy-about-it/

Midjourney 上，Rutkowski 也被作為指令詞輸入了數千次。

- Rutkowskii 在生成式 AI 界受歡迎的原因很簡單，因為他的作品很容易在網路上找到。實際上 SD 的母公司 Stability.AI 透過資料集 LAION-5B 來訓練模型，這個資料集在各種第三方網站上收集影像，並過濾掉不符合要求的部分（比如自帶水印或徽標等），形成模型訓練的素材庫。由於 Rutkowski 本人的畫作風格鮮明，加之他自己會在畫作上加上描述詞或標籤，因此他的作品很容易被抓取被納入素材範圍。

- 這個現象也引發了其他藝術家的擔憂，不少人的作品未得到本人允許，就被用於 AI 繪圖的模型訓練。德國兩名藝術家 Holly Herndon 和 Mat Dryhurst 推出了一個叫「我被用來訓練了嗎？」（Have I been trained）的網站，用以幫助藝術家們搜尋自己的作品是否被用於 SD 和 Midjourney 的模型訓練。只需輸入關鍵字、標籤或將自己的作品上傳，即可知曉自己作品是否被當成素材。

- 針對 AI 版權的問題，業界其他相關業者也做出了反應。比如線上藝術網站 Newgrounds 在使用者服務條款中明確指出，不允許使用 AI 生成繪圖作品，只允許特定情況下使用 AI，比如生成圖片背景等，而且涉及 AI 的任何要素都需要明確地指出來，完整做好資訊揭露。

內容合法性

現在和未來長期內生成式 AI 還面臨一個問題：內容的合法性和合理性。因為生成式 AI 是基於人類的模型「訓練」出來的，人們將它培養成什麼樣，它就會成為什麼樣。或許在更強的人工智慧真正到來的時候，AI 會產生價值觀或自我判斷力，但就短期內而言，AI 不具備法律意識、價值觀、同理心和情感。因此，生成式 AI 產生的內容會也面臨一些法律、社會、倫理和人性情感方面的問題。

早在 2016 年，微軟就曾在推特上釋出過一款名為「Tay」的聊天機器人，原意是讓推特使用者和她不斷對話，讓她越來越聰明。然而不久之後，她就發出了各種有害言論，引起了極大的爭議，導致其上線 16 小時之後就匆匆下線。

而在繪圖方面，目前有人透過生成式 AI 影像生成一些虛假新聞圖片。比如 Reddit 使用者 u/Arctic_Chilean 釋出了 2001 年卡斯卡迪亞地震（Great Cascadia Earthquake）的圖片，展示了地震後的艱難景象，然而這些圖片全部都是用 AI 生成的。見圖 12.4。

虛構的圖片引發了網友熱議，雖然虛假的自然災害事件暫時沒有涉及法律問題，但是很多人擔心未來我們會被更多虛假的資訊包圍。生成式 AI 更「恐怖」的地方在於，當用於製作虛假資訊時，它可以形成圖片、文字、影音等多種素材，讓人們

更加難以辨別真假。而虛假資訊不僅可以用在惡搞和傳播假新聞,還可以用在商業和社會治理層面,如果無法有效地控制好這類風險,未來可能會造成更加嚴重的後果。

圖 12.4　AI 虛構的 2001 年卡斯卡迪亞地震

資料來源:https://www.forbes.com/sites/mattnovak/2023/03/27/ai-createsphoto-evidence-of-2001-earthquake-that-never-hAppened/?sh=4c4927383985

但也有一些網友認為，虛假資訊的問題和目前的假新聞問題並沒有本質區別，生成式 AI 只是一種更加快捷的工具和手段，本質問題仍然在於新聞倫理和監管問題。實際上，不少專業人士也注意到生成式 AI 的監管問題。

2023 年 3 月 29 日，未來生命研究所（Future of Life Institute）發表了一篇名為〈暫停大型人工智慧實驗的公開信〉（*Pause Giant AI Experiments*：*An open letter*）的文章，文中對 AI 倫理及安全問題進行了思考。他們呼籲現在所有的 AI 實驗室都應當停止 6 個月的訓練，而且人們應當在確認 AI 是正向的且風險可控時，再進行開發和模型訓練。AI 研發機構和監管機構、決策者們應當合作，積極開展 AI 治理系統的開發。

在這封公開信中，未來生命研究所提到了幾個 AI 內容監管的方向，可以為我們的 AI 監管提供一定參考：

- 專門負責 AI 監管的機構；
- 對高能力人工智慧系統和大型運算能力進行全面監督跟追蹤；
- 設定浮水印系統，幫助 AI 真實性稽核，注重檢測模型的洩漏情況；
- 建立完善的審計和認證生態系統；
- 對人工智慧造成的傷害的責任進行劃分和認定；
- 支持設立技術人工智慧安全研究機構。

第十二章　AI 監管、倫理與社會挑戰

在生成式 AI 快速發展的當下，各國政府需要應對需求快速做出了反應，制定政策框架，為生成式 AI 的規範管理奠定基礎。當然，隨著更多應用情境和實際問題的出現，我們需要更加完善和細緻的監管政策，甚至是法律體系。

法律、道德與社會問題

2023 年，關於生成式 AI 還有一條令人唏噓的消息──3 月 28 日，據媒體報導，一名比利時男子在與 AI 對話 6 週後自殺身亡。這款名為 Eliza 的機器人是 Chai Research 以 GPT-J 模型為基礎開發的聊天機器人，GPT-J 是 OpenAI 的 GPT 模型的開源替代品。據悉，該男子和 Eliza 交流後，深深認為她是自己的紅顏知己，但由於 Eliza 並不是專業心理治療 AI，也不具備人類的同理心，所以她所提供的服務與這名男子本身的憂鬱情緒存在隔閡。這件事也引發了廣泛的關注，很多人也擔心生成式 AI 產出的內容，雖然不是事實上的虛構，但由於 AI 本身不具備倫理的概念，也無法知悉道德、法律等人類社會的規則，因此產出的內容具有一定的引導性。[06]

1964 年，人工智慧誕生初期，科學家維森鮑姆（Joseph Weizenbaum）推出的一款聊天機器人也叫 Eliza，它利用人類輸入問

---

[06] https://www.vice.com/en/article/pkadgm/man-dies-by-suicide-after-talking-with-ai-chatbot-widow-says

題的關鍵字來組合回答,用來模仿使用者的語氣。Joseph Weizenbaum 將這個機制命名為「Eliza 效應」,他說人工智慧對人類的回應,並不是出於理解,本質上還是 0 和 1 的執行結果。以運算的方式與人類的互動,最終帶來的只是機械式的理解。

比利時男子的悲劇,從另外一個層面證明了「Eliza 效應」,人類的心理和情感狀態過於複雜,並不是純粹的技術能夠解決的問題,還需要政策、社會治理等多方面的配合。雖然我們現在還沒有到更強的人工智慧時代,但問題已經初現端倪。

韓國電影《人類滅亡報告書》中,一個在寺廟工作的機器人領悟了佛性,機器人公司對此頗有微詞,便請男主角來確認。身為工程師的男主角檢查了機器人的機構情況,但無法確認他是否成佛。機器人公司認為茲事體大,希望銷毀機器人。關鍵時刻男主角擋在機器人面前,希望阻止他們。而機器人卻意味深長地告知人類,人類世界中充滿欲望與執念、善行與惡行,而他身為機器人無欲無求,因此得道。說完之後自行了斷,眾人愕然。而故事的末尾,男主角回去修理一只機器狗,他用刀劃破自己的皮膚,取出裡面的晶片,頗有割肉餵鷹的壯烈之感。

我們創造出機器人,賦予它們一些能力,卻又因此產生了恐懼。這不僅關乎技術,也關乎人性,是人類星辰大海旅途中的一次考驗。相較於法律和監管問題,生成式 AI 在道德、法律和倫理問題上顯得更加曖昧不清,因為正如比利時男子的悲劇,目前很難有明確的指標或證據指向生成式 AI,確認它就是

導火線。而且正是由於目前的技術成熟度不足，人工智慧目前仍然是工具而不是真正的智慧體，因此最重要的事情是要明確人類應該如何正確使用 AI。

2023 年，德國薩爾大學、亥姆霍茲資訊安全中心（CISPA）的科學家們發現，駭客可以透過 Bing 與 ChatGPT 的結合來進行詐騙。當 ChatGPT 接入檢索功能以後，駭客們可以透過自然提示來遠端操控模型，從而影響輸出結果。只要他們輸入誤導性的提示詞，那麼輸出的結果可能用於詐騙等非法場合。比如駭客可以索取使用者個人資訊、電子郵件、個人金融資訊等，並透過聊天的方式引導使用者下單。這一過程完成後，被駭客操控的第三方網站將不再能開啟。

如果該研究所說的問題確實存在，那麼在未來生成式 AI 將面臨社會治理層的一系列調整，主要是圍繞生成式 AI 具體應用情境產生的新的擾亂社會秩序的行為。

生成式 AI 與社會治理

英國社會學家大衛・科林格里奇曾經指出，對於一項技術，如果擔心其發展帶來問題，而過早進行監管或約束，可能會影響技術的發展。但如果等到技術非常成熟，已經滲透到各行各業了，這時候再來監管又太晚了。這種悖論被稱為「科林格里奇困境」（Collingridge Dilemma）。

其實我們在網路發展的各個時期，就經歷過類似的事情。世界上最早的電腦病毒誕生於 1986 年，當時個人電腦才剛剛開始商業化。Basit 和 Anjad Farooq Alvi 兄弟倆製作了一款防止電腦盜版複製的程式。當時由於法律不健全，盜版現象蔚然成風，兄弟倆希望用軟體阻止更多人使用盜版──當有人安裝非正版的軟體時，該程式將會吞併對方的空間。雖然該病毒不具備真正的「殺傷力」，但這也是技術帶來的治理問題的真實寫照。直到 2003 年，美國才正式發表了第一部關於網路安全的法律《聯邦資訊安全管理法》（FISMA）。

隨著網路技術的發展，更多問題不斷湧現：真假難辨的消息讓人迷失、個人隱私和資料在網路上傳播、網路謠言和暴力的蔓延影響到了真實生活中。而我們也在不斷解決問題：制定新政策、開發新技術……

我們對生成式 AI 的倫理問題，應當從不同角度看待：一方面，就像網路發展之路上的問題，不斷解決、不斷進步，我們懷抱科技樂觀主義心態；但另一方面，我們也應當保持足夠的冷靜和警覺心，因為人工智慧與網路完全不同。網路是將人類連起來的一張網，本質上仍然是工具。而人工智慧是仿照人類再造一個智慧體，它不具備生物學特徵，卻具備思考能力，而且它的能力在不斷進化，誰也無法預知其能力界限。當強人工智慧時代到來時，人工智慧很可能將脫離工具屬性，變成獨立的個體。因此，我們不能將網路的監管經驗簡單地挪到人工

智慧領域,而是應該針對生成式 AI 進行更加具體和系統性的思考。

社會影響與責任

職業替代問題

職業替代問題是每一個革命性技術大規模應用之際都會面臨的問題,因為新技術帶來了工作方式的變化,過去的一些職業不再適應新的市場需求。比如說,過去每臺公車上都配有售票員,後來自動投幣設備能夠替代售票員,因此就不再需要專人管理公車票務。過去專門有工匠為人們修理鋼筆,因為在物質條件不豐富的時代,人們不會經常更換鋼筆,只能去修。而現在不僅物質豐富了,人們可選擇更多品類的筆,而且數位辦公的到來,讓書寫需求降低,於是我們現在很難看到修理鋼筆的匠人。

職業替代是時代的必然選擇。生成式 AI 時代的職業替代問題,或許比我們想像的還要快。前幾年有公司宣布無限期終止創意設計、企劃、文案撰寫、短期員工 4 類相關外包的支出,而採用生成式 AI 進行內容輸出。在相關檔案中,這間公司對這四類職位進行了解釋:

- 創意設計：平面設計（海報、圖片等）、3D 建模、插畫、動畫、PPT 等。暫且不包括拍攝和製作類。
- 企劃撰寫：競標提案、執行企劃、活動企劃等。
- 文案撰寫：稿件撰寫、創意文案撰寫、創意指令碼、活動相關文案撰寫、報告整理、資料收集等。
- 短期員工：不含實習生，主要是指時薪制的個人外包。

該公司後續宣布將結合生成式 AI 系統，推出 AI 行銷服務。這樣的策略，引起了不少求職者的擔憂，主要擔心會有更多公司仿效，裁撤相關職位的員工。除這間公司之外，一些美術類、動畫類公司也在裁撤原畫師或者降低招募數量。

對於生成式 AI 的職業取代問題，目前主流認為會遭受一定衝擊的產業包括：

- 媒體類（廣告、內容創作、技術寫作、新聞等）；
- 部分創意寫作（小說、劇本等）；
- 部分真人出鏡（短影片直播、替身演員等）；
- 法律相關的工作（律師助理、法律助理）；
- 市場研究分析人員、金融分析師；
- 教師的部分工作；
- 平面設計師、部分原畫師、插畫師等；
- 客服人員；

■ 翻譯。

這些產業的共同特性是：①以結構化寫作、繪圖為主，生成式 AI 技術相對成熟、成本較低且已有實際應用；②工作內容雖然以腦力勞動為主，但是具有一定模組化、機械化和可重複性的特點，創造性部分相對較少；③對於這些產業尚未被替代的部分，未來人機協作的工作模式也將是大趨勢，即由生成式 AI 負責創意生成和內容生產，而人工負責細節調整、內容控制把關等等。

當然，我們不能就此妄下定論，這些職業一定會被生成式 AI 取代，因為就像我們剛才討論過的，生成式 AI 技術上雖然能進行替代，但是有時候會涉及一些法律問題，所以這個過程將會比較複雜，還需要一定的時間。我們需要站在企業的視角來思考，比如，生成式 AI 取代人工畫師，會面臨版權的問題，而目前的法律政策還沒有相關規定，假如企業盲目地全面使用生成式 AI，也許會遇上政策的調整。在圖文、影音領域，目前也暫時沒有針對生成式 AI 產出內容的產業標準和評估辦法。因此，像前述那間公司這樣的做法更具備參考性，即精簡外包資源，用內部人員使用生成式 AI 來替代部分工作，達到降低成本又提升效率的效果。

對於個人來說，生成式 AI 的浪潮的確帶來了較大的挑戰，因此應當做好職業規劃，調整職業細節。比如，對於美術職位，由於「生成式 AI+ 人工調整」的模式已經相對成熟了，那麼

偏向執行的從業者,應該思考如何提升生成式 AI 操作能力、了解指令的寫法、提升自己的審美能力和溝通能力,將精力放在 AI 無法替代的部分。

另外,一個比較有代表性的例子是網路直播。現在生成式 AI 生成的虛擬直播主技術已經相對成熟了,虛擬人的外表、神態、面部表情也可以實現相對自然的呈現,因此未來虛擬人替代真人直播主是必然趨勢。對於目前的直播從業人員來說,有兩種轉型路徑:一種是關注虛擬直播主無法完成的部分,比如說現在的虛擬人只能穿著設計好的衣服,無法完美地現場換衣服、鞋子等,所以主播們可以深耕這些特色,在產品展示上下功夫,形成自身的競爭優勢。另一種轉型方式就是轉型幕後。虛擬人的動作常常需要對真人的動作進行捕捉,直播主們可以考慮向虛擬人的真人模特兒方向發展。

不僅僅是美術或真人出鏡類的產業,生成式 AI 未來也可能對更多產業造成更加深遠和全面的影響:一是以後的求職者從思考模式、工作方式和工作經驗累積等各個方面,都會發生顛覆性的轉變。現在我們強調工作經驗、工作產出和實際效果,以後可能在求職中更加看重生成式 AI 的使用能力、指令的撰寫和調整能力、自然創意的蒐集整理能力等。二是未來用人單位將更加看重綜合效能力,現在的專一能力對應單一職位的人才篩選方式將從全面轉變。以後大量的工作將由生成式 AI 替代,人類的工作將變得更加整合化,也即以後的一個人可能要做現

第十二章　AI 監管、倫理與社會挑戰

在兩三個人做的工作，並不需要花費更多時間，但需要掌握更多的跨領域知識。

生成式 AI 與一切未知數

生成式 AI 的創作力目前已經被越來越多的人認可，但也有很多人認為人類真正的精神價值不可能被機器替代。這就好比現在一些鋼琴能夠自動彈奏，還能連上手機或 iPad，但這個功能只能幫助鋼琴愛好者提升技術，而無法替代真正的鋼琴家。

目前關於生成式 AI 的藝術能力，還存在很多爭議，爭議首先就來自藝術是否能被人工智慧真正取代的問題，我們需要自動鋼琴還是仍然需要鋼琴家。這是由於目前通用人工智慧沒有真正實現，人們無法判斷生成式 AI 的主觀創作意識和藝術水準。目前不論是繪畫、音樂、文字、影片，AI 的作品均需要以人類作品作為素材而生成，並非憑空創作。其次，內容的法律和道德問題，目前還沒有明確的標準。因此，AI 是否能成為藝術家，甚至擔任藝術作品的輔助工具，仍然沒有定論。

但是，我們並不能說未來的 AI 就無法成為藝術家。這就好比，GPT-3 參加考試還無法取得好成績，但 GPT-4 就已經能夠名列前茅了。AI 的進步是神速的，它的真正強大之處就在於不可預知性。

技術層面的不可預知性，有一個很有趣的現象。2013 年，

曾有一名企業家在阿根廷首都布宜諾斯艾利斯做了一項市場調查，他發現該市的洗車工人在過去 10 年中收入降低 50%。而當時阿根廷中產階級膨脹、汽車銷量上漲，理論上來說，洗車業的營收應該是上升的。他們調查了一番後發現，市場上既沒有過多的洗車工數量形成無效競爭，也沒有相關政策限制此項業務。後來，他們得出結論：由於資料技術的提升，天氣預報的準確率提升了一半以上，大部分人知道何時下雨，因此就不再特地去洗車。

其實，這是一種有趣的現象。技術的發展影響的不僅僅是產業鏈上下游或者相關產業，有時候也會影響到「毫無關係」的領域。比如，快速發展的行動支付，讓廣大消費者逐漸習慣在購物時用手機支付，而不是現金。便利的行動支付，降低了排隊時間，以往依靠消費者等待時「順便」銷售的口香糖就不再容易賣出去了。當然，口香糖銷量下降是多方面因素造成的（比如人們更加關注牙齒健康等）。但毫無疑問，新技術的普及帶來的影響是顛覆式的，會延伸到很多看起來毫無關聯的角落。

未來生成式 AI 的發展，就像是影響洗車產業的天氣預報、影響口香糖銷售的行動支付一樣，一切未知就是已知，唯一不變的就是變化。因此，我們能做的就是拭目以待，做好當下的工作，期盼未來。

後記

　　人類對生命的思考，一直貫穿在整個歷史發展過程中。我們經歷了艱難的自然求生，走過了兵荒馬亂的歲月，來到了今日車水馬龍、繁花似錦的彼岸。我們不再被大自然束縛，但我們卻被自己束縛在鋼筋水泥中，於是開始思考，生存的意義何在？生存的形式何在？

　　人工智慧，是個技術問題，但也是個哲學問題。它來自電腦、網路的發展，卻也根植於500多年前的那次航行。因為地理大發現開啟了人們的好奇心和探索世界的欲望，正是這些欲望，讓人們在漫漫歷史長河中不斷思索和研究，讓自然科學不斷發展，各類技術不斷湧現。我們在對外探索的時候，其實也是在對自己內心世界探索，我們是誰，從何而來又向何而去？我們的智慧如何被運用在現實生活中，我們的頭腦能否被機器人取代？

　　科技是理性的，但科技也是浪漫的。科技帶領我們上天下地，仰望星空，帶領我們暢遊在0和1的電腦世界中，也帶領我們走入了賽博龐克的新奇世界。我們尊重懷抱理想主義的創業者，因為他們就是理性與感性的融合體、科技與浪漫的實踐者；我們期待新的技術和商業模式，二者的融合碰撞出新的火花，讓更多人從中受益。

後記

　　生成式 AI 本身是一個中性事物,就像 ChatGPT 自己在回答一些問題時所說的,「只是一個人工智慧,沒有價值觀和情感」。生成式 AI 本身不需要價值判斷,而是需要透過技術應用的手段和商業使用的情境來發掘其價值。對於投資者和創業者而言,這個價值的評估維度並不相同,也沒有一個統一的答案,但本書希望為您提供一些思考的線索和邏輯,幫助您獲得一些啟發和思考。

　　AI 現在的進步是神速的,我們甚至無法預知下個星期大型模型的訓練成果,但我們可以了解它的發展脈絡和邏輯,在理性分析的基礎之上做出判斷和預測,從而解決目前可能需要面對的決策問題。

國家圖書館出版品預行編目資料

AIGC 未來式，當人工智慧成為共創者：顛覆創作模式 × 改寫產業規則 × 重構市場格局 × 助力企業轉型，生成式 AI 顛覆未來的無限潛能 / 陳雪濤，張子燁 著 . -- 第一版 . -- 臺北市：崧燁文化事業有限公司 , 2025.05
面；　公分
POD 版
ISBN 978-626-416-559-4(平裝)
1.CST: 人工智慧 2.CST: 機器學習 3.CST: 產業發展
312.83　　　　　　　　　　114004932

AIGC 未來式，當人工智慧成為共創者：顛覆創作模式 × 改寫產業規則 × 重構市場格局 × 助力企業轉型，生成式 AI 顛覆未來的無限潛能

作　　者：陳雪濤，張子燁
發 行 人：黃振庭
出　版　者：崧燁文化事業有限公司
發　行　者：崧燁文化事業有限公司
E - m a i l：sonbookservice@gmail.com
粉　絲　頁：https://www.facebook.com/sonbookss/
網　　址：https://sonbook.net/
地　　址：台北市中正區重慶南路一段 61 號 8 樓
8F., No.61, Sec. 1, Chongqing S. Rd., Zhongzheng Dist., Taipei City 100, Taiwan
電　　話：(02) 2370-3310　　傳　　真：(02) 2388-1990
印　　刷：京峯數位服務有限公司
律師顧問：廣華律師事務所 張珮琦律師

-版權聲明

本書版權為中國經濟出版社所有授權崧燁文化事業有限公司獨家發行電子書及繁體書繁體字版。若有其他相關權利及授權需求請與本公司聯繫。

未經書面許可，不可複製、發行。

定　　價：350 元
發行日期：2025 年 05 月第一版
◎本書以 POD 印製
Design Assets from Freepik.com